Premiere Pro
2021
微|课|版

Premiere

视频编辑立体化教程

赵学华◎主编

人民邮电出版社
北京

图书在版编目（CIP）数据

Premiere视频编辑立体化教程：Premiere Pro 2021：微课版 / 赵学华主编. -- 北京：人民邮电出版社，2024.6
新形态立体化精品系列教材
ISBN 978-7-115-64386-5

Ⅰ. ①P… Ⅱ. ①赵… Ⅲ. ①视频编辑软件－教材 Ⅳ. ①TP317.53

中国国家版本馆CIP数据核字(2024)第091809号

内 容 提 要

本书基于 Premiere Pro 2021，系统地讲解 Premiere 各个功能和工具的使用方法，以及如何运用所学知识编辑视频。本书采用项目任务式的结构来讲解知识点，共 11 个项目，其中项目 1 讲解 Premiere 视频编辑的基础知识，让学生深入了解相关理论，奠定理论基础；项目 2～项目 10 主要讲解在 Premiere 中常用的功能和工具等，让学生能够熟练运用 Premiere 进行操作；项目 11 为综合性的商业设计案例，锻炼学生综合运用所学知识的能力。

本书知识全面、讲解详尽、案例丰富，以理论联系实际，将 Premiere 与视频编辑的理论知识同实战案例紧密结合；内容融入素养知识，落实"立德树人"根本任务；设置特色小栏目，实用性、趣味性较强；配有视频讲解，有助于学生理解知识点、分析与制作相关案例；紧密结合职场，将职业场景引入课堂教学中，着重培养学生的实际应用能力和职业素养，有利于学生提前了解工作内容。

本书可作为高等院校 Premiere 相关课程的教材，也可作为各类社会培训学校相关专业的教材，还可供 Premiere 初学者及准备从事视频编辑工作的人员学习参考。

◆ 主　编　赵学华
　 责任编辑　马　媛
　 责任印制　王　郁　焦志炜
◆ 人民邮电出版社出版发行　　北京市丰台区成寿寺路 11 号
　 邮编　100164　电子邮件　315@ptpress.com.cn
　 网址　https://www.ptpress.com.cn
　 天津千鹤文化传播有限公司印刷
◆ 开本：787×1092　1/16
　 印张：15　　　　　　　　　　2024 年 6 月第 1 版
　 字数：405 千字　　　　　　　2024 年 6 月天津第 1 次印刷

定价：59.80 元

读者服务热线：(010)81055256　印装质量热线：(010)81055316
反盗版热线：(010)81055315
广告经营许可证：京东市监广登字 20170147 号

Premiere是Adobe公司开发的视频编辑软件，在影视、栏目包装、广告、宣传片、短视频等领域中应用广泛，深受个人和企业青睐。根据现代教学的需要和市场对视频编辑人才的要求，我们组织了一批优秀的、教学经验和实践经验丰富的教师和设计师组成作者团队，深入学习党的二十大精神，深刻领悟"实施科教兴国战略，强化现代化建设人才支撑"的重大意义与重要内涵，从中汲取砥砺奋进力量，立志培养德技双馨的高技能人才，编写了这套新形态立体化精品系列教材。

这套新形态立体化精品系列教材进入学校已有多年时间，在这段时间里，我们很庆幸这套教材能够帮助教师授课，并得到广大教师的认可；同时我们更加感谢，很多教师给我们提出的宝贵的建议。为与时俱进，让本套教材更好地服务于广大师生，我们根据一线教师的建议和教学需求，在套系中新增了本书。本书拥有"知识全""案例新""练习多""资源多""与行业结合紧密"等优点，可以满足现代教学需求。

教学方法

本书将素质教育贯穿教学全过程，引领学生从党的二十大精神中汲取砥砺奋进力量，并强调学以致用，以理论联系实际，树立社会责任感，弘扬工匠精神，培养职业素养。本书采用多段式教学法，将职业场景、软件知识、行业知识进行有机整合，各个环节环环相扣。

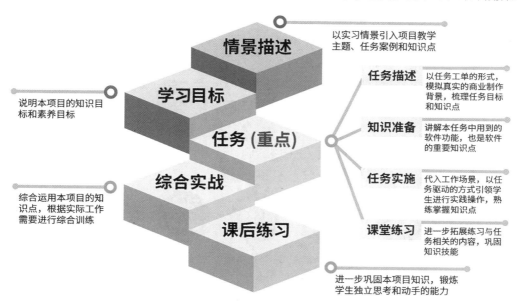

情景描述　以实习情景引入项目教学主题、任务案例和知识点

学习目标　说明本项目的知识目标和素养目标

任务描述　以任务工单的形式，模拟真实的商业制作背景，梳理任务目标和知识点

任务（重点）

知识准备　讲解本任务中用到的软件功能，也是软件的重要知识点

综合实战　综合运用本项目的知识点，根据实际工作需要进行综合训练

任务实施　代入工作场景，以任务驱动的方式引领学生进行实践操作，熟练掌握知识点

课后练习　进一步巩固本项目知识，锻炼学生独立思考和动手的能力

课堂练习　进一步拓展练习与任务相关的内容，巩固知识技能

教材特色

本书旨在帮助学生循序渐进掌握Premiere Pro 2021在各领域中的应用，让学生在完成案例的过程中将所学知识融会贯通。具体特色如下。

（1）情景代入，生动有趣

本书以实际工作中的任务为主线，通过主人公米拉的实习日常，以及公司资深设

计师洪钧威（米拉的顶头上司"老洪"）对米拉的工作指导，引出项目主题和任务案例，并将工作情景贯穿知识点、案例操作的讲解，有助于学生了解所学知识在实际工作中的应用情况，做到"学思用贯通，知信行统一"。

（2）栏目新颖，实用性强

本书设有"知识补充""疑难解析""设计素养"3种小栏目，以提升学生的软件操作技术，拓宽学生的知识面，同时注重培养学生的思考能力和专业素养。

（3）立德树人，融入素养教育

本书精心设计，因势利导，依据专业课程的特点采取了恰当的方式自然融入中华优秀传统文化、科学精神和爱国情怀等元素，注重挖掘其中的素养教育要素，弘扬精益求精的专业精神、职业精神和工匠精神，培养学生的创新意识，将"为学"和"为人"相结合。

（4）校企合作，双元开发

本书由学校教师和企业富有设计经验的设计师共同编写，参考市场上各类真实视频编辑案例，由常年深耕教学一线、有丰富教学经验的教师执笔，将项目实践与理论知识相结合，体现"做中学，做中教"等职业教育理念，保证教材的职教特色。

（5）项目驱动，产教融合

本书精选企业真实案例，将实际工作过程真实再现，在教学过程中培养学生的项目开发能力。以项目驱动的方式展开知识介绍，提升学生学习和认知的热情。

（6）创新形式，配备微课

本书为新形态立体化教材，针对教材的重点、难点，专门录制微课视频，支持计算机和移动端学习和使用，可实现线上线下混合式教学。

教学资源

本书提供了丰富的配套资源和拓展资源，读者可以登录人邮教育社区（www.ryjiaoyu.com）获取相关资源。

 + + + + +

素材和效果文件　　微课视频　　PPT、大纲　　设计理论基础　　题库软件　　拓展案例资源　　拓展设计技能
　　　　　　　　　　　　　　和教学教案

本书由赵学华担任主编。编者在编写本书的过程中倾注了大量心血，但恐百密之中仍有疏漏，敬请广大读者批评指正。

编者

2024年2月

目录

03

04

05

06

目 录

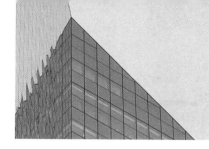

项目1
初识Premiere视频编辑

情景描述

在大学即将结束之际，米拉找到一份视频编辑的实习工作，公司安排经验丰富的设计师洪钧威来指导她开展相关工作。

入职第一天，洪钧威对米拉说："我叫洪钧威，你叫我老洪就行，在你实习期间将由我来对你进行指导，有什么疑问都可以来问我。"老洪先带领米拉熟悉了工作环境，并向她介绍了公司的主要业务，涵盖宣传片、视频广告、栏目包装、短片、纪录片、影视剧片头和片尾等多类型的视频编辑，同时强调了公司在视频编辑领域的专业程度和良好口碑，让米拉在实习期间努力提升视频编辑技术，熟练应用相关软件，便于后期顺利完成工作内容。

学习目标

知识目标	● 了解视频编辑的基础知识 ● 熟悉Premiere的工作界面 ● 掌握Premiere的基本操作
素养目标	● 养成收集素材的好习惯，提高素材组织与管理能力 ● 巩固理论基础，培养乐于钻研的精神

任务1.1 了解视频编辑基础知识

由于米拉对视频编辑行业还不是特别了解，因此老洪建议她先熟悉一些与视频编辑相关的基础知识，如相关术语、常用的文件格式，再了解视频编辑的基本流程和常用的软件。

1. 视频编辑相关术语

若要更好地理解视频编辑并熟练运用相关技术，设计师需要先熟悉一些常见的视频编辑相关术语，这样才能在编辑视频的过程中更加得心应手。

（1）帧和帧速率

帧是指视频中最小单位的单幅影像画面，相当于电影胶片上的每一格镜头，一帧就是一个静止的画面，而连续播放多帧就能形成动态效果。

帧速率是指画面每秒传输的帧数，以帧/秒（fps，Frames Per Second）为单位，即视频每秒播放的画面数，如24帧/秒代表在一秒钟内播放24个画面。一般来说，帧速率越大，视频画面越流畅，但同时视频文件也会越大，进而影响到后期编辑、渲染，以及视频的输出等环节。视频编辑中常用的帧速率主要有23.976帧/秒、24帧/秒、25帧/秒、29.97帧/秒和30帧/秒。

（2）像素与分辨率

像素是构成视频画面图像的最小单位，而分辨率是指视频画面在单位长度内包含的像素数量。分辨率的计算方法为画面横向的像素数量×纵向的像素数量，如1280像素×720像素的分辨率就表示画面中共有720条水平线，且每一条水平线上都包含了1280像素。

（3）像素长宽比与画面长宽比

像素长宽比是指视频画面中每个像素的宽度与高度之间的比例关系。常见的像素有方形像素（见图1-1）和矩形像素（见图1-2）。了解和掌握像素长宽比可以帮助设计师正确理解和处理不同分辨率的视频素材。

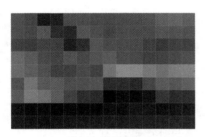

图1-1 方形像素

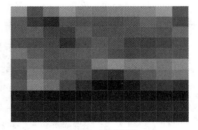

图1-2 矩形像素

画面长宽比是指视频画面的宽度和高度之比。目前常见的画面长宽比有4：3、16：9、1.85：1和2.39：1等，其中4：3和16：9的比例常被大多数的计算机显示器采用，而1.85：1和2.39：1的比例则常用于电影画面。

（4）时间码

时间码是指摄像机在记录图像信号时，针对每一幅图像记录的时间编码，为视频中每个帧分配一个数字来表示小时、分钟、秒钟和帧数。时间码以"小时:分钟:秒:帧"的形式确定每一帧的位置，其格式为××:××:××:××，其中的××代表数字。

（5）视频扫描方式

视频扫描方式是指电视机在播放视频画面时所采用的播放方式，可分为隔行扫描和逐行扫描两种。

- **隔行扫描：** 隔行扫描的每一帧画面都由两个场组成，一个是奇场，是指扫描帧的全部奇数行，又称为上场；另一个是偶场，是指扫描帧的全部偶数行，又称为下场。场以水平分隔线的方式隔行保存帧的内容，显示视频画面时会先显示第一个场的交错间隔内容，再显示第二个场，其作用是填充第一个场留下的缝隙。扫描两场才能得到一帧完整的画面。
- **逐行扫描：** 逐行扫描将同时显示视频画面中每帧的所有像素，从显示屏的左上角一行接一行地扫描到右下角，扫描一遍就能够显示出一幅完整的图像，即为无场。

（6）电视制式

电视制式是指电视信号的标准，是指一个国家或地区播放节目时用来显示电视图像或声音信号所采用的一种技术标准，目前主要有 NTSC、PAL 和 SECAM 3 种电视制式，不同的电视制式具有不同的分辨率、帧速率等标准。

- **NTSC（National Television System Committee，国家电视标准委员会）：** 该制式是北美、日本等地使用的一种电视制式。它以 60Hz 作为基准频率，每秒钟 30 帧。
- **PAL（Phase Alteration Line，逐行倒相）：** 该制式是欧洲、澳大利亚、亚非等地使用的一种电视制式。它以 50Hz 作为基准频率，每秒钟 25 帧。
- **SECAM（Séquentiel Couleur à Mémoire，按顺序传送彩色与存储）：** 该制式是法国、俄罗斯等地使用的一种电视制式。它以 50Hz 作为基准频率，每秒钟 25 帧。

2. 视频编辑中常用的文件格式

在视频编辑中，常会使用到各种类型的文件，因此有必要了解一些常用的图像、视频、音频文件格式。

（1）常用的图像文件格式

常用的图像文件格式有以下 6 种。

- **JPEG：** JPEG 是常用的图像文件格式之一，文件的扩展名为 ".jpg" 或 ".jpeg"。该格式属于有损压缩格式，能够将图像压缩在很小的存储空间中，但在一定程度上也会损失图像质量。
- **TIFF：** TIFF 是一种灵活的位图（由单个像素组成的图像）格式，文件的扩展名为 ".tif"。该格式对图像信息的存放方式灵活多变，支持多种颜色模式。
- **PNG：** PNG 是一种采用无损压缩算法的位图格式，文件的扩展名为 ".png"。该格式显著的优点包括体积小、无损压缩、支持透明效果等。
- **PSD：** PSD 是 Adobe 公司开发的图像处理软件 Photoshop 生成的专用文件格式，文件的扩展名为 ".psd"。该格式的文件可以保留图层、通道等多种信息，以便于在图像处理软件中编辑。
- **AI：** AI 是 Adobe 公司开发的矢量制图软件 Illustrator 生成的专用文件格式，文件的扩展名为 ".ai"。与 PSD 格式文件相同，AI 格式文件中的每个对象都是独立的。
- **GIF：** GIF 是一种无损压缩的文件格式，文件的扩展名为 ".gif"。该格式支持无损压缩来减小图像，可以缩短图像文件在网络上传输的时间，还可以保存动态效果。

（2）常用的视频文件格式

常用的视频文件格式有以下 5 种。

- **MP4：** MP4 是一种标准的数字多媒体容器格式，文件的扩展名为 ".mp4"。该格式用于存储数字音频及数字视频，也可以存储字幕和静态图像。
- **AVI：** AVI 是一种音频和视频交错的视频文件格式，文件的扩展名为 ".avi"。该格式将音频和视频数据包含在一个文件容器中，并允许音、视频同步回放，常用于保存电视剧、电影等各种影像信息。

- **MPEG：** MPEG是包含MPEG-1、MPEG-2和MPEG-4在内的多种视频格式的统一标准格式，文件的扩展名为".mpeg"。其中MPEG-1和MPEG-2属于早期使用的第一代数据压缩编码技术，MPEG-4则是基于第二代压缩编码技术制定的国际标准，以视听媒体对象为基本单元，采用基于内容的压缩编码，以实现数字视音频、图形合成应用，以及交互式多媒体的集成。

- **WMV：** WMV是Microsoft公司开发的一系列视频编解码和其相关的视频编码格式的统称，文件的扩展名为".wmv"。该视频格式是一种视频压缩格式，可以将视频文件大小压缩至原来的二分之一。

- **MOV：** MOV是Apple公司开发的QuickTime播放器生成的视频格式，文件的扩展名为".mov"。该格式支持25位色彩，具有领先的集成压缩技术，其画面效果比AVI格式文件的画面效果更好。

（3）常用的音频文件格式

常用的音频文件格式有以下3种。

- **MP3：** MP3是一种有损压缩的音频格式，虽然大幅度地降低了音频数据量，但仍然可以满足绝大多数的应用场景，而且文件体积较小，文件的扩展名为".mp3"。

- **WAV：** WAV是一种非压缩的音频格式，文件的扩展名为".wav"。该格式能记录各种单声道或立体声的声音信息，且保证声音不失真，但文件较大。

- **WMA：** WMA是Microsoft公司推出的与MP3格式齐名的一种音频格式，文件的扩展名为".wma"。该格式在压缩比和音质方面都超过了MP3，即使在较低的采样频率下也能产生较好的音质。

3. 视频编辑的基本流程

视频编辑通常需要按照基本流程一步一步进行，在制作过程中有条不紊、有目标且有规划。

（1）确定剪辑思路

第一步通常需要明确视频的制作目的和受众群体，了解视频的用途、主题、风格及所传达的信息，以便获得清晰的剪辑思路，这既是视频编辑的关键步骤，也是影响视频质量的重要因素之一。

（2）收集和整理素材

视频编辑中常见的素材主要有音频、视频、文本、图像、模板等。设计师可以通过客户提供、网络收集、拍摄与录制等方式收集素材，然后按照不同类型进行分类管理。

- **客户提供：** 设计师可以从客户处获得视频编辑需要的文本、图像、音频和视频等资源。

- **网络收集：** 网络收集是指在互联网上通过各种资源网站，收集图像、音频、视频、项目模板等素材，但在使用时要注意版权。

- **拍摄与录制：** 为制作出视觉效果更加突出的视频，设计师可以根据实际情况自行拍摄素材或录制音频、视频。

设计素养

作为设计师，在收集和整理素材方面培养一些好习惯是非常重要的，如可以利用文件夹、标签等方式分类和归档素材，提高查找和使用素材的效率。此外，设计师还应积极主动地寻找和收集新的素材网站，扩展视野，不断创新。通过这些良好的习惯，设计师能更好地收集、整理和利用素材，为之后的视频编辑工作奠定坚实的基础。

（3）剪辑视频

剪辑视频是指将整理后的视频素材按照剪辑思路归纳、剪切、拼接，删除不需要的视频内容，并将内容合适的视频重新组合起来，使视频内容更符合实际需求。

（4）优化视频效果

在剪辑视频后，可通过为视频添加过渡、特效以及调整视频色彩等操作，提升画面的美观度。也可以根据画面需求添加字幕、图形等，丰富视频内容。还可以添加背景音乐和音效，增强视频画面的表现力，渲染氛围。

（5）输出视频

完成前面的操作后，视频基本上已制作完成。此时应输出视频，使视频能通过多媒体设备进行传播，让更多观众看到该视频。需要注意的是，在输出视频前需要保存视频源文件，便于后续再次使用或修改。

4. 视频编辑的常用软件

随着多媒体技术的不断发展，用于视频编辑的软件层出不穷。它们以其独特的功能、强大的剪辑和编辑工具吸引着广大设计师，能满足设计师不同的需求。

（1）Adobe Premiere Pro

Adobe Premiere Pro简称Pr，是由Adobe公司开发的一款视频编辑软件，因其强大的视频编辑功能受到很多视频编辑爱好者和设计师的青睐，被广泛用于影视、广告、教育、旅游、金融等领域中。

（2）Avid Media Composer

Avid Media Composer是Avid公司推出的专业视频编辑软件，是较为知名和广泛使用的专业视频编辑软件。它提供了强大的剪辑工具、多轨道编辑功能和高级的音频混合工具，可以处理多种格式的视频素材，进行精确的剪辑和调整。

（3）会声会影

会声会影是Corel公司制作的一款功能强大的视频编辑软件，提供了丰富的视频编辑工具和特效，操作简单易懂，界面简洁明快。该软件可导出多种常见的视频格式，甚至可以直接制作成DVD和VCD光盘。

（4）剪映

剪映是抖音官方推出的一款视频编辑工具，拥有丰富的剪辑功能，如切割、变速、倒放，还有多样的转场、贴纸、变声、滤镜和美颜的效果，还配备丰富的曲库资源。版本有Android版、iOS版、Windows版、macOS版，支持多种系统平台。

任务1.2 认识Premiere Pro 2021工作界面

米拉启动计算机中的Premiere Pro 2021，在进入工作界面后，发现与她之前使用的版本存在一定差异，因此准备先熟悉这一版本的工作界面，并将其调整为自己惯用的界面布局。

图1-3所示为Premiere Pro 2021工作界面，主要由菜单栏和工作区中的各个面板组成，在工作区顶部可以选择不同模式的工作区，从而切换下方面板的布局。若需要更多模式的工作区，可选择"窗口"/"工作区"命令，在弹出的子菜单中选择其他工作区对应的命令。

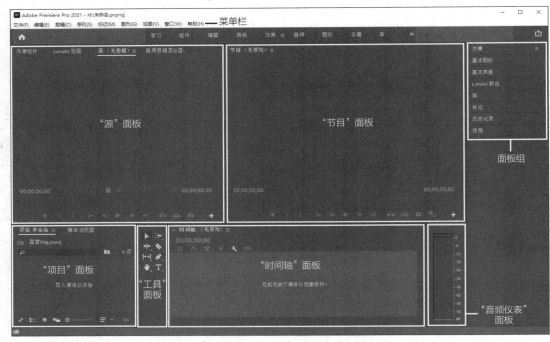

图1-3　Premiere Pro 2021工作界面

1. 菜单栏

菜单栏包括Premiere中的所有菜单命令，选择需要的菜单项，可在弹出的菜单中选择需要执行的命令。

- **"文件"菜单：** 主要用于进行文件的新建，以及项目的打开、关闭、保存、导入、导出等操作。
- **"编辑"菜单：** 用于进行一些基本的文件操作，如撤销、重做、剪切、查找等。
- **"剪辑"菜单：** 用于进行视频的剪辑等操作。
- **"序列"菜单：** 用于进行序列设置等操作。
- **"标记"菜单：** 用于进行标记入点、标记出点、标记剪辑等操作。
- **"图形"菜单：** 用于进行从Adobe Fonts添加字体、安装动态图形模板、新建图层等操作。
- **"视图"菜单：** 用于显示标尺和参考线，锁定、添加和清除参考线等操作。
- **"窗口"菜单：** 用于显示和隐藏Premiere工作界面中的各个面板。
- **"帮助"菜单：** 用于快速访问Premiere帮助手册和相关教程，了解Premiere的相关法律声明和系统信息。

2. "项目"面板

"项目"面板主要用于存放和管理导入的素材（包括视频、音频、图像等），以及在Premiere中创建的序列文件等，如图1-4所示。其中部分选项介绍如下。

- **"项目可写"按钮：** 单击该按钮，可以在"只读"（不能编辑项目）与"读/写"之间切换项目。

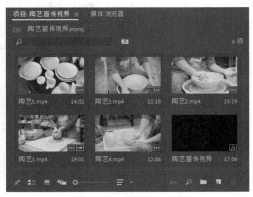

图1-4　"项目"面板

- **"列表视图"按钮**：单击该按钮或按【Ctrl+PageUp】组合键，可以让素材以列表的形式显示，并显示素材的详细信息。
- **"图标视图"按钮**：单击该按钮或按【Ctrl+PageDown】组合键，可以让素材以图标的形式显示，并显示素材的画面内容。
- **"自由变换视图"按钮**：单击该按钮，可以自由地调整和排列面板中的素材。
- **调整素材图标和缩略图的大小滑块**：向左拖曳滑块可缩小面板中素材图标和缩略图的显示比例；向右拖曳滑块可放大面板中素材图标和缩略图的显示比例。
- **"排序图标"按钮**：单击该按钮，将打开列表框，在其中可选择不同的选项来对项目图标进行排序。
- **"自动匹配序列"按钮**：单击该按钮，可在打开的"自动序列化"对话框中将素材自动调整到"时间轴"面板中。
- **"从查询创建新的搜索素材箱"按钮**：单击该按钮，可在打开的对话框中通过素材的名称、标签、标记或出入点等信息快速查找素材。
- **"新建素材箱"按钮**：单击该按钮，可新建一个文件夹，以便于将素材添加到其中进行管理。
- **"新建项"按钮**：单击该按钮，可在弹出的快捷菜单中选择相应命令来新建序列文件、脱机文件、调整图层等。
- **"清除"按钮**：单击该按钮，可删除选中的素材和序列文件。

3. "工具"面板

"工具"面板主要用于存放Premiere提供的所有工具，如图1-5所示，这些工具能够编辑"时间轴"面板中的素材，在"工具"面板中单击需要的工具可将其激活。在"工具"面板中，有的工具右下角有一个小三角图标，表示该工具位于工具组中，工具组中还隐藏有其他工具，在该工具上按住鼠标左键不放，可显示该工具组中隐藏的工具。

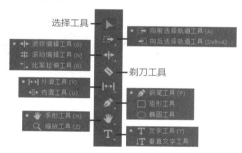

图1-5 "工具"面板

4. "时间轴"面板

使用Premiere编辑视频的大部分操作都在"时间轴"面板中进行，在该面板中可以轻松地实现素材的剪辑、插入、复制与粘贴等操作。图1-6所示为"时间轴"面板，其中部分内容介绍如下。

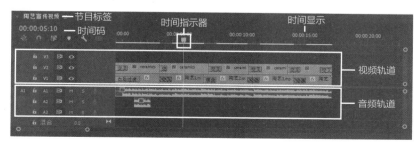

图1-6 "时间轴"面板

- **节目标签：** 用于显示当前正在编辑的序列，如果项目中有多个序列，则可单击节目标签进行切换。
- **时间码：** 用于显示当前时间指示器所在的帧。

- **时间显示：** 用于显示当前素材的时间位置，在时间显示上单击鼠标右键，在弹出的快捷菜单中可选择时间的显示方式。
- **时间指示器：** 拖曳时间指示器可调整时间码。按住【Shift】键拖曳时间指示器，将自动吸附到邻近的素材边缘（需保证"在时间轴中对齐"按钮 🔘 为选中状态）。按【←】键可将时间指示器移至当前帧的上一帧，按【→】键可移至当前帧的下一帧；按【Home】键可移至第一帧，按【End】键可移至最后一帧。
- **视频轨道：** 用于编辑视频的轨道，默认有3个（V1、V2、V3）。
- **音频轨道：** 用于编辑音频的轨道，默认有3个（A1、A2、A3）。

轨道数量可以增加吗？

疑难解析

若编辑的视频较为复杂，轨道数量不够，可在"时间轴"面板左侧的轨道区域中单击鼠标右键，在弹出的快捷菜单中选择"添加轨道"命令打开"添加轨道"对话框，在其中设置需要添加的轨道，单击 确定 按钮新增轨道。

- **"将序列作为嵌套或个别剪辑插入并覆盖"按钮 🔆：** 该按钮默认为选中状态 🔆，可将序列作为一个整体的素材插入另一个序列中，且显示为绿色，如图1-7所示；若该按钮呈未选中状态，则可将序列中的多个素材依次插入另一个序列中，多个素材独立存在，如图1-8所示。

图1-7　将序列作为一个整体的素材插入

图1-8　将序列中的多个素材依次插入

- **"在时间轴中对齐"按钮 🔘：** 该按钮默认为选中状态 🔘，此时将启动吸附功能，如果在"时间轴"面板中拖曳素材，则素材会自动吸附到邻近的素材边缘处。
- **"链接选择项"按钮 🔗：** 该按钮默认为选中状态 🔗，添加到"时间轴"面板中的视频素材包含的视频和音频将自动链接。
- **"添加标记"按钮 🏷：** 单击该按钮，将在当前帧处添加一个标记。
- **"时间轴显示设置"按钮 🔧：** 单击该按钮，在弹出的下拉菜单中可选择在"时间轴"面板中显示的内容，如视频缩览图、视频关键帧、视频名称等。
- **"字幕轨道选项"按钮 🆑：** 单击该按钮，在弹出的下拉菜单中可选择字幕轨道的显示内容。
- **"切换轨道锁定"按钮 🔓：** 默认状态下显示为 🔓，单击后变为 🔒，此时轨道处于锁定状态，不能进行编辑。
- **"切换同步锁定"按钮 🔁：** 单击该按钮，可控制时间轴上的音频和视频轨道之间的同步关系。
- **"切换轨道输出"按钮 👁：** 在视频轨道中单击对应轨道前的该按钮，使其变为 👁，在"节目"面板中将不显示该轨道中的内容。
- **"静音轨道"按钮 M：** 单击该按钮，相应的音频轨道将会静音。
- **"独奏轨道"按钮 S：** 单击该按钮，可以只播放当前的音频轨道，其他轨道静音。
- **"画外音录制"按钮 🎙：** 单击该按钮，可以录制声音。

- **混合**：用于控制混合音频的总音量。其右侧的 **0.0** 图标可用于调整轨道音量。

5. "源"面板

　　"源"面板主要用于查看素材的原效果。在"项目"面板中双击素材，即可在"源"面板中显示该素材效果，如图1-9所示。

　　"源"面板工具栏中各个按钮的作用介绍如下。

图1-9　"源"面板

- **"添加标记"按钮**：单击该按钮后，依据当前时间指示器所在位置在"源"面板中添加一个没有编号的标记。
- **"标记入点"按钮**：单击该按钮，当前时间指示器所在位置将被设置为入点。
- **"标记出点"按钮**：单击该按钮，当前时间指示器所在位置将被设置为出点。
- **"转到入点"按钮**：单击该按钮，可快速跳转到入点位置。
- **"后退一帧"按钮**：单击该按钮，可跳转到上一帧位置。
- **"播放-停止切换"按钮**：单击该按钮，或按【Space】键，可预览或停止预览素材效果。
- **"转到出点"按钮**：单击该按钮，可快速跳转到出点位置。
- **"前进一帧"按钮**：单击该按钮，可跳转到下一帧位置。
- **"插入"按钮**：单击该按钮，可将正在查看的素材插入当前的时间指示器位置。
- **"覆盖"按钮**：单击该按钮，可将正在查看的素材覆盖到当前时间指示器位置。
- **"导出帧"按钮**：单击该按钮，可导出当前面板中的画面内容。

"按钮编辑器"按钮

知识补充

　　在"源"面板的工具栏后面还有一个"按钮编辑器"按钮，单击该按钮可打开"按钮编辑器"面板，在其中选择相应按钮并拖曳到"源"面板工具栏处，可将选择的按钮显示在工具栏中。

---

6. "节目"面板

　　"节目"面板主要用于预览"时间轴"面板中当前时间指示器所处位置帧的序列效果，也是最终视频输出效果的预览面板。在该面板中可以设置序列标记，并指定序列的入点和出点，还可单击"比较视图"按钮来对比素材中的两个画面。该面板的工具栏中各个按钮的作用与"源"面板类似，此处不再赘述。

7. "效果控件"面板

　　"效果控件"面板主要用于控制素材的运动、不透明度和时间重映射。另外，为素材添加效果后，可在"效果控件"面板中设置该效果的相关参数。图1-10所示为选

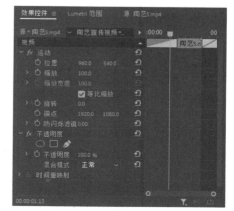

图1-10　"效果控件"面板

中素材时的"效果控件"面板，其中部分选项介绍如下。

- **运动：**该效果用于定位、旋转和缩放素材，调整素材的防闪烁滤镜。
- **不透明度：**该效果用于降低素材的不透明度，可设置混合模式，如叠加、淡化和溶解等。
- **时间重映射：**可减速、加速、倒放素材的任何部分，也可以将素材冻结，从而使视频加速或减速。
- **"显示/隐藏视频效果"按钮▶：**默认状态下显示所有视频效果，单击该按钮将隐藏视频效果。
- **"显示/隐藏时间轴视图"按钮▲：**单击该按钮，可显示或隐藏"效果控件"面板右侧的时间轴视图。
- **"切换效果开关"按钮ƒx：**当该按钮显示为ƒx状态时，表示该效果可用；当该按钮变为状态时，表示该效果不可用。
- **"切换动画"按钮◎：**单击该按钮，可快速添加关键帧；当按钮变为状态时，表示添加关键帧成功；再次单击该按钮可删除所有关键帧。
- **"重置"按钮：**单击该按钮，可取消对该栏进行的操作，使其恢复至初始状态。

8. "历史记录"面板

"历史记录"面板主要用于记录设计师在 Premiere 中进行的所有操作。当操作错误后，可在该面板中单击错误操作前的历史记录，或按【Ctrl+Z】组合键进行撤销操作。

图 1-11 所示为"历史记录"面板，若只需删除某一个历史记录，可选中该历史记录，再单击"删除可重做的操作"按钮，或按【Delete】键。但需要注意的是，若在"历史记录"面板中单击某个历史记录来撤销某个动作，继续编辑视频时，所选记录之后的所有操作都将从整个项目中移除。

图 1-11 "历史记录"面板

9. "音频仪表"面板

"音频仪表"面板主要用于显示时间线上所有音频轨道混合而成的主声道的音量大小，该面板的使用方法将在项目 8 中具体介绍。

10. 调整工作界面

设计师如果对工作界面中面板的分布情况或界面中的亮度和色彩不满意，可以自行调整，使其符合自身习惯。其中，调整面板分布情况可通过调整大小、设置浮动面板、拆分与组合面板多种方式进行。

（1）调整面板大小

Premiere 中每个面板的大小并不是固定不变的，调整面板大小的具体操作方法：单击选中面板，将鼠标指针放置于与其他面板相邻的分割线处，当鼠标指针变为形状时，按住鼠标左键不放，拖曳到合适位置后释放鼠标左键，如图 1-12 所示。

图 1-12 调整面板大小

（2）设置浮动面板

在Premiere中，可将面板设置为浮动状态，使其浮动在工作界面上方，并保持置顶效果。具体操作方法：单击面板上方的■按钮，在弹出的下拉菜单中选择"浮动面板"命令，如图1-13所示。面板浮动效果如图1-14所示，单击■按钮可关闭该面板。

图1-13 选择"浮动面板"命令

图1-14 浮动面板效果

（3）拆分与组合面板

设计师可根据自己的需要拆分与组合面板，将两个以上个面板组合在一起可形成面板组，将面板组中的某个面板拖曳到其他面板组中可拆分原面板组。具体操作方法：选中想要组合或拆分的面板，按住鼠标左键不放，将其拖曳到目标面板的顶部、底部、左侧或右侧，在目标面板中出现暗色后释放鼠标左键，如图1-15所示。

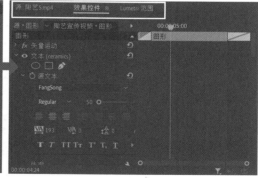

图1-15 拆分与组合面板

保存和重置工作界面

设计师在调整面板分布情况后，可通过"窗口"/"工作区"/"另存为新工作区"命令保存当前工作界面的设置。另外，还可选择"窗口"/"工作区"/"重置为保存的布局"命令，返回工作界面的初始设置。

知识补充

（4）调整工作界面的亮度和标签颜色

Premiere的工作界面默认的亮度较低，设计师可选择"编辑"/"首选项"/"外观"命令，打开"首选项"对话框，在其中的"外观"选项卡中通过拖曳不同的参数滑块来调整亮度，如图1-16所示。另外，还可在"首选项"对话框的"标签"选项卡中调整标签的颜色，如图1-17所示。

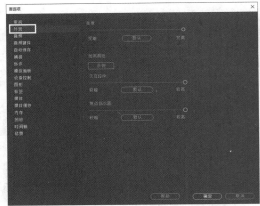

图1-16 调整工作界面的亮度

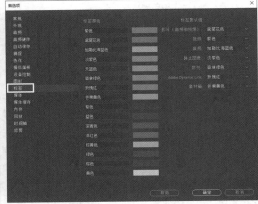

图1-17 调整工作界面中标签的颜色

任务1.3 熟悉Premiere的基本操作

在熟悉了Premiere Pro 2021的工作界面后，米拉便准备熟悉一下Premiere的基本操作，以便后续更快地完成工作内容。

1. 新建项目文件

启动Premiere Pro 2021，单击 新建项目 按钮，也可选择"文件"/"新建"/"项目"命令或按【Ctrl+Alt+N】组合键，打开"新建项目"对话框，如图1-18所示，在其中可以进行常规设置、暂存盘设置和收录设置，单击 确定 按钮完成项目文件的创建。

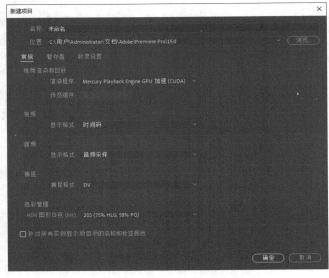

图1-18 "新建项目"对话框

"新建项目"对话框中的常用选项介绍如下。

● **名称：** 用于命名项目，应尽量不使用默认的名称，以便于后续管理项目。
● **位置：** 用于存储项目的路径，默认位置是C盘，一般需要更改到当前计算机中内存空间较大的磁盘，以免因C盘容量不足造成计算机卡顿。单击 <u>浏览</u> 按钮，在打开的"请选择新项目的目标路径"对话框中可指定文件的存储路径。

- **渲染程序：** 渲染程序默认选择"仅Mercury Playback Engine软件"选项，表示直接使用计算机的CPU渲染处理。若当前计算机中有合适的显卡，则可选择"Mercury Playback Engine GPU加速（CUDA）"或"Mercury Playback Engine GPU加速（OpenCL）"选项，以提高渲染速度。
- **预览缓存：** 预览缓存可使用GPU内存上的永久缓存来提高工作性能。
- **"视频"栏中的"显示格式"：** 用于设置播放视频时的视频显示格式，有"时间码""英尺+帧16mm""英尺+帧35mm""画框"4种格式。默认选择"时间码"格式，该格式可以对视频格式的时、分、秒、帧进行计数；"英尺+帧16mm"格式和"英尺+帧35mm"格式分别用于输出16mm和35mm胶片的视频。"画框"格式仅统计视频帧数，常在结合三维软件制作媒体时采用。
- **"音频"栏中的"显示格式"：** 用于更改"时间轴"面板和"节目"面板中音频的显示格式，有"音频采样"和"毫秒"两种格式。
- **捕捉格式：** 用于设置音频和视频采集时的捕捉方式，并设置为DV或HDV格式。其中DV是指数字视频格式，HDV是指高清视频格式。

在"暂存盘"选项卡中可查看捕捉音频、捕捉视频、视频预览、音频预览和项目临时文件自动保存的路径，一般默认选择"与项目相同"选项。当需要对项目中的每个视频剪辑做预处理或者计算机性能不高、无法顺畅地处理高清视频时，可以在"收录设置"选项卡中进行操作。

2. 导入并调整素材

新建项目后，便可导入视频编辑所需的各类素材，并根据需求进行调整。

（1）导入素材

在Premiere中可以导入多种类型的素材，不同类型素材的导入方法有所区别。

- **导入常用素材：** 在导入MP4、AVI、JPEG、MP3等格式的常用素材时，可直接选择"文件"/"导入"/"文件"命令；或在"项目"面板的空白区域双击鼠标左键；或在"项目"面板的空白区域单击鼠标右键，在弹出的快捷菜单中选择"导入"命令；或直接按【Ctrl+I】组合键，都可打开"导入"对话框。从中选择需要导入的一个或多个常用素材文件后，单击 <u>打开(O)</u> 按钮，如图1-19所示。

图1-19 导入常用素材

- **导入序列素材：** 序列是指一组名称连续且扩展名相同的素材文件，如"流星000.jpg""流星001.jpg""流星002.jpg"。使用与导入常用素材相同的方式打开"导入"对话框后，选择"流星000.jpg"文件，选中对话框中的"图像序列"复选框，然后单击 打开(O) 按钮，将自动导入所有名称连续且扩展名相同的素材文件，并在"项目"面板中显示为单个文件，在"源"面板中可预览序列的播放效果，每一帧都对应一幅图像，如图1-20所示。

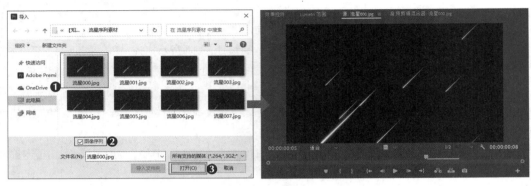

图1-20　导入序列素材

- **导入分层素材：** 当导入含有图层信息的素材文件时，可以通过设置保留素材文件中的图层信息。例如，在"导入"对话框选择PSD文件后，单击 打开(O) 按钮，将打开"导入分层文件"对话框，打开"导入为"下拉列表（见图1-21），若选择"合并所有图层"选项，可将素材文件中的所有图层合并为一个图层后导入；若选择"合并的图层"选项，可选中部分图层左侧的复选框，然后将所选图层合并为一个图层后导入；若选择"各个图层"选项，可分别将各个图层单独进行导入，且"项目"面板中会新建一个与素材文件同名的文件夹，展开可查看素材文件中所有的图层，如图1-22所示；若选择"序列"选项，可根据PSD文件的尺寸创建一个与之匹配的新序列，该序列在"时间轴"面板中按照素材文件中图层的顺序排列在每个轨道中。

图1-21　打开"导入为"下拉列表

图1-22　选择"各个图层"选项效果

（2）调整素材

设计师在导入素材后，可通过以下4种调整素材的方法来提高制作效率。

- **复制与粘贴素材：** 若在编辑视频时需要重复利用某个素材，可在"项目"面板中选择素材后，按【Ctrl+C】组合键复制素材，再按【Ctrl+V】组合键粘贴素材，生成与原素材名称一致的复制文件。也可以在选择需要复制的素材后，选择"编辑"/"重复"命令，该素材的一个副本将出现在"项目"面板中。

- **重命名素材：** 将素材导入"项目"面板中后，为了便于区分，可根据需要重命名素材。具体操作方法：在需重命名的素材上单击鼠标右键，在弹出的快捷菜单中选择"重命名"命令，素材名称将呈可编辑状态，输入新名称后，按【Enter】键确认；也可以在"项目"面板中选择需要重命名的素材，再单击素材的名称，素材名称同样将呈可编辑状态。

- **分类管理素材：** 当"项目"面板中的素材过多时，就需要分类管理素材，以便制作时调用。具体操作方法：单击"项目"面板中的"新建素材箱"按钮，设置好素材箱名称后，将需要分类的素材拖曳到素材箱中，如图1-23所示。

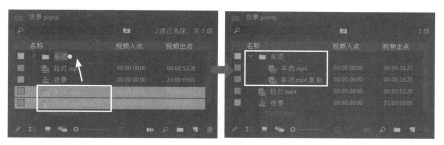

图1-23　拖曳素材至素材箱中

- **链接脱机素材：** 若"项目"文件中素材的存储位置发生了改变、源文件名称被修改或源文件被删除，就会导致素材丢失，同时会打开"链接媒体"对话框，如图1-24所示。此时可单击 查找 按钮，在打开的对话框中重新链接对应的素材。

图1-24　"链接媒体"对话框

3. 创建Premiere自带素材

在Premiere中不仅可以导入外部素材，还能创建Premiere自带素材，创建后的自带素材将自动位于"项目"面板中，在剪辑视频时可直接将其拖曳到"时间轴"面板中进行使用。Premiere自带素材主要有以下7种类型。

（1）调整图层

调整图层是指通过一个新的图层来调整素材，而不影响素材本身，常用于调整视频色彩。创建调整图层的方法：在"项目"面板中单击"新建项"按钮，在弹出的下拉菜单中选择"调整图层"命令，打开"调整图层"对话框，设置相应参数后单击 确定 按钮。

（2）彩条

彩条通常用在两个素材中间或视频开头，自带特殊音效，可以达到过渡转场的效果，也有校准色彩的作用，其效果如图1-25所示。创建彩条的方法：在"项目"面板中单击"新建项"按钮，在弹出的下拉菜单中选择"彩条"命令，打开"新建彩条"对话框，设置相应参数后单击 确定 按钮。

（3）黑场视频

黑场视频通常用在视频的片头或者在两段视频中间，用于制作过渡效果。创建黑场视频的方法：在"项目"面板中单击"新建项"按钮 ，在弹出的下拉菜单中选择"黑场视频"命令，打开"新建黑场视频"对话框，设置相应参数后单击 确定 按钮。

图1-25　彩条效果

（4）颜色遮罩

颜色遮罩是一个覆盖整个视频的纯色遮罩，可以作为视频背景使用。创建颜色遮罩的方法：在"项目"面板中单击"新建项"按钮 ，在弹出的下拉菜单中选择"新建颜色遮罩"命令，打开"新建颜色遮罩"对话框，设置相应参数后单击 确定 按钮。打开"拾色器"对话框，在其中设置遮罩的颜色后单击 确定 按钮，再打开"选择名称"对话框，设置名称后单击 确定 按钮。

（5）HD彩条

HD彩条的作用与彩条类似，其区别在于，HD彩条具有更高的分辨率和更广泛的色彩范围，更适用于高清（HD）视频格式。创建HD彩条的方法：在"项目"面板中单击"新建项"按钮 ，在弹出的下拉菜单中选择"HD彩条"命令，打开"新建HD彩条"对话框，设置相应参数后单击 确定 按钮。

（6）通用倒计时片头

通用倒计时片头是指一段倒计时素材，常用于制作视频开始前的倒计时效果，如图1-26所示。创建通用倒计时片头的方法：在"项目"面板中单击"新建项"按钮 ，在弹出的下拉菜单中选择"通用倒计时片头"命令，打开"通用倒计时片头"对话框，设置相应参数后单击 确定 按钮，打开"通用倒计时设置"对话框，如图1-27所示，设置相应参数后再单击 确定 按钮。

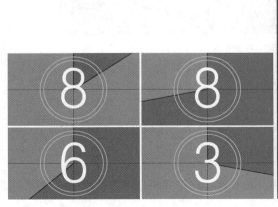

图1-26　通用倒计时效果

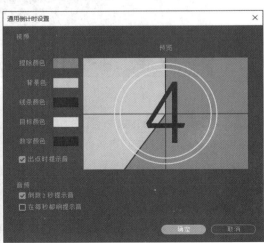

图1-27　"通用倒计时设置"对话框

"通用倒计时设置"对话框中的选项介绍如下。

● **擦除颜色：**用于设置播放倒计时影片时指示线扫过区域的颜色。

● **背景色：**用于设置指示线扫过区域之前的颜色。

● **线条颜色：**用于设置固定的十字和转动的指示线的颜色。

- **目标颜色：**用于设置倒计时影片中圆圈的颜色。
- **数字颜色：**用于设置倒计时影片中数字的颜色。
- **出点时提示音：**选中该复选框，在最后一帧画面中将发出提示音。
- **倒数2秒提示音：**选中该复选框，当倒计时中的数字显示到"2"时，将发出提示音。
- **在每秒都响提示音：**选中该复选框，在倒计时中每秒开始时都会发出提示音。

若需要再次修改"通用倒计时片头"素材，可在"项目"面板中双击倒计时片头素材，再次打开"通用倒计时设置"对话框，在其中重新设置相关参数。

（7）透明视频

在Premiere中运用视频效果时，可以先创建透明视频，然后将透明视频拖曳到"时间轴"面板中，再将视频效果应用到透明视频轨道中，视频效果将自动应用在透明视频轨道下面的轨道素材中。由于透明视频具有透明的特性，因此只能应用那些操作Alpha通道的效果，如闪电、时间码、网格等，而添加调色类效果将无法产生任何变化。创建透明视频的方法为：在"项目"面板中单击"新建项"按钮，在弹出的下拉菜单中选择"调整图层"命令，打开"新建透明视频"对话框，设置相应参数后单击 确定 按钮。

4. 新建序列

序列是视频编辑的基础，Premiere中的大部分编辑工作都是通过序列完成的。因此在编辑视频前，需要先新建序列。

（1）新建空白序列

在"项目"面板右下角单击"新建项"按钮，在弹出的下拉菜单中选择"序列"命令，或选择"文件"/"新建"/"序列"命令，打开"新建序列"对话框，其中的"设置"选项卡如图1-28所示，设置完参数后，单击 确定 按钮。

图1-28 "新建序列"对话框中的"设置"选项卡

"设置"选项卡中部分选项介绍如下。

- **编辑模式：**用于设置预览文件和播放的视频格式，由"序列预设"选项卡中所选的预设决定。

- **时基：** 时基就是时间基准，用于决定 Premiere 的视频帧数，帧数越高，在 Premiere 中的渲染效果越好。在大多数项目中，时基应该匹配视频的帧速率。通常来说，24 帧/秒用于编辑电影胶片，25 帧/秒用于编辑 PAL 制式和 SECAM 制式视频，29.97 帧/秒用于编辑 NTSC 制式视频，15 帧/秒用于编辑移动设备视频。"时基"设置不仅决定了"显示格式"区域中哪个选项可用，也决定了"时间轴"面板中的标尺和标记的位置。

- **帧大小：** 项目的帧大小是指画面以像素为单位的宽度和高度。第一个数值框中的数值代表画面的宽度，第二个数值框中的数值代表画面的高度。帧大小可用于设置指定播放序列时帧的尺寸，大多数情况下，项目的帧大小与源文件的帧大小保持一致。

- **像素长宽比：** 用于设置各个像素的长宽比。

- **场：** 用于设置指定帧的场序，包括"无场（逐行扫描）""高场优先""低场优先"3 个选项。

- **"视频"栏中的"显示格式"：** 用于设置多种时间码格式。对"显示格式"选项进行更改并不会改变剪辑或序列的帧速率，只会改变其时间码的显示方式。其下拉列表中的各个选项与新建项目时"视频"栏中"显示格式"的选项基本相同。

- **工作色彩空间：** 用于设置视频的颜色范围。

- **采样率：** 用于设置重新采样或设置与源音频不同的速率，音频采样率决定了音频的品质，采样率越高品质越高，但高品质的音频需要更多的磁盘空间。

- **"音频"栏中的"显示格式"：** 用于设置是使用音频采样还是毫秒作为音频时间的显示单位。

- **预览文件格式：** 用于设置视频预览时视频文件的显示格式，以在渲染时间比较短和文件比较小的情况下提供最佳的预览效果。

- **编解码器：** 用于设置视频预览的编解码器格式。

- **宽度：** 用于指定视频预览的帧宽度，受源媒体像素长宽比的限制。

- **高度：** 用于指定视频预览的帧高度，受源媒体像素长宽比的限制。

- **重置：** 用于清除现有预览尺寸，并为所有后续预览指定全尺寸。

- **最大位深度：** 选中该复选框，将使颜色位深度最大化，但不会保证颜色校正的素材不受损失。

- **最高渲染质量：** 选中该复选框，Premiere 将以较高的质量进行渲染和处理视频，但可能会增加系统负载，并可能导致预览和导出过程变慢。

- **以线性颜色合成（要求 GPU 加速或最高渲染品质）：** 选中该复选框，在渲染视频时将使 GPU 加速，或以最高质量渲染视频。

- **███保存预设███按钮：** 单击该按钮，打开"保存序列预设"对话框，可在其中进行命名、描述序列操作，并保存当前序列的相关设置。

- **序列名称：** 用于设置序列的名称。

在"新建序列"对话框中的"序列预设"选项卡中，设计师可以直接选择已经设置好参数的选项，设置好序列名称后直接单击███确定███按钮来创建空白序列；在"轨道"选项卡中，设计师可以选择需要的视频和音频轨道数量，并设置音频轨道的属性和布局；而"VR 视频"选项卡用于创建虚拟现实（Virtual Reality，VR）视频的序列，在该选项卡中，设计师可以设置与 VR 视频处理相关的参数。

（2）基于素材新建序列

除了新建空白序列外，也可以将"项目"面板中的素材直接拖曳到"时间轴"面板中，或在"项目"面板中选择素材，单击鼠标右键，在弹出的快捷菜单中选择"从剪辑新建序列"命令，基于选择的素材来创建一个与该素材名称相同的序列。

5.　序列的基本操作

在使用序列时，设计师可以通过以下两种基本操作优化序列的显示效果。

（1）自动重构序列

在Premiere中调整视频大小时，如果需要调整的素材很多，手动调整会非常耽误时间，此时可以使用"自动重构序列"功能自动调整视频大小，该功能可智能识别视频中的动作，并针对不同的画面长宽比重构剪辑。

重构序列的方法：选择需要调整的视频素材，选择"序列"/"自动重构序列"命令，打开"自动重构序列"对话框，如图1-29所示。在"目标长宽比"下拉列表中选择指定的长宽比（也可以自定义），然后单击 **创建** 按钮，Premiere将生成一个新序列到"时间轴"面板中，如图1-30所示。

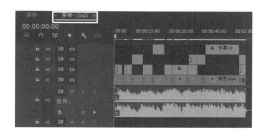

图1-29　"自动重构序列"对话框　　　　　　图1-30　生成新序列

（2）嵌套序列

在剪辑视频时经常会遇到项目中包含较多序列的情况，可通过嵌套序列将多个序列文件合并为一个序列，不仅可以节省空间，还可以统一对嵌套序列中的素材进行裁剪、移动等修改操作，节省操作时间。

嵌套序列的方法：在"时间轴"面板中选择需要嵌套的序列后单击鼠标右键，在弹出的快捷菜单中选择"嵌套"命令，打开"嵌套序列名称"对话框，在"名称"文本框中自定义序列名称，单击 **确定** 按钮。完成嵌套序列操作后，"时间轴"面板中选择的多个序列将转换为一个嵌套序列文件，图1-31所示为嵌套序列前后的对比效果。

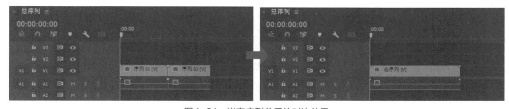

图1-31　嵌套序列前后的对比效果

双击嵌套序列可打开该嵌套序列，从而修改与调整嵌套序列中的单个序列文件。一般来说，整个序列文件被称为主序列，而主序列中包含的嵌套序列被称为子序列，它们是包含与被包含的关系。

6.　保存和关闭项目文件

创建或编辑项目后，设计师还需要保存该项目，便于以后再次操作，最后再关闭该项目，节约计算机运算空间。

（1）保存项目

设计师可根据需要执行以下3种操作来保存项目。

● 　通过**"保存"命令**：选择"文件"/"保存"命令，或直接按【Ctrl+S】组合键，可直接保存当前项目。需要注意的是，若保存过该项目，则在使用该命令时会自动覆盖已经保存过的项目。

● **通过"另存为"命令：** 选择"文件"/"另存为"命令，或直接按【Ctrl+Shift+S】组合键，打开"保存项目"对话框，输入文件名，设置保存类型和位置，单击 保存(S) 按钮保存项目。

● **通过"保存副本"命令：** 选择"文件"/"保存副本"命令，在"保存项目"对话框中设置保存的位置和名称后，单击 保存(S) 按钮可将项目以副本形式保存。

"另存为"命令和"保存副本"命令有什么区别？

疑难解析

"另存为"命令和"保存副本"命令都能产生一个新的项目文件，但使用"另存为"命令时，当前项目会随着该操作的结束而自动关闭，再次操作时，修改的是新的项目文件；而使用"保存副本"命令时，新的项目文件不会自动打开，修改的仍然是原始的项目文件。

（2）关闭项目

若只需要关闭项目，但不关闭Premiere，可直接选择"文件"/"关闭项目"命令，关闭当前项目；也可以选择"文件"/"关闭所有项目"命令，直接关闭所有项目。

综合实战 合成美食教程视频

为了解米拉对Premiere的掌握程度，老洪将合成美食教程视频的任务交给她，要求她利用客户提供的素材，根据客户需求合成一个完整的、有吸引力的视频。

实战描述

实战背景	某餐饮店为加强店铺的宣传，准备制作系列美食教程视频，并投放到短视频平台中以吸引目标观众查看。需要设计师利用提供的视频素材、图片素材和音频素材合成一个美食教程视频
实战目标	① 制作分辨率为1280像素×720像素、时长为1分30秒左右的教程视频
	② 为了让观众能够第一时间明白该视频的主题，需要为该视频制作一个视频封面，要求画面简洁明了，并直观地展现出视频主题
	③ 根据美食的制作顺序添加素材，并结合文本描述进行展现，使观众能够获得更佳的观看体验
知识要点	新建项目、新建序列、导入素材、分类管理素材、创建颜色遮罩、保存文件、静音轨道

本实战的参考效果如图1-32所示。

图1-32 美食教程视频参考效果

效果预览

大火转中火焖煮半个小时，待食材软糯后大火收汁。

图1-32 美食教程视频参考效果（续）

素材位置： 素材\项目1\美食素材\开始制作.mp4、准备食材.mp4、准备配料.mp4、完成制作.mp4、盛出装盘.mp4、文本\、背景音乐.mp3
效果位置： 效果\项目1\美食教程视频.prproj

 思路及步骤

在制作本案例时，设计师在新建项目并导入素材后，根据素材的类型将其移至"视频"和"图片"两个素材箱，便于后续管理与制作。接着新建符合制作要求的序列，再利用颜色遮罩和标题图片制作视频封面，然后按照烹饪顺序，依次拖曳视频素材至序列中，并在每段视频的开头处添加与烹饪步骤对应的图片，最后静音A1轨道再添加背景音乐并保存项目。本例的制作思路如图1-33所示，参考步骤如下。

① 新建项目、导入素材并进行管理 ② 新建序列并制作视频封面

 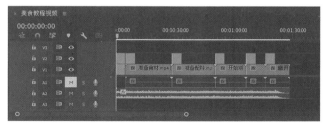

油热后放入配料爆香，依次倒入肉和配菜翻炒，添加生抽和盐，再加清水。

③ 添加视频素材和文本描述 ④ 静音A1轨道并添加背景音乐

图1-33 合成美食教程视频的思路

（1）新建项目，导入所有素材，并根据素材类型单独创建"视频"和"图片"素材箱进行管理。

（2）新建序列，在序列的起始处创建颜色遮罩，再添加标题图片到序列的起始处。

（3）将所有视频素材按照制作顺序依次拖曳到"时间轴"面板中，再分别添加与视频内容对应的文本描述到每个视频的起始处。

微课视频

合成美食教程视频

（4）静音A1轨道，添加背景音乐到A2轨道中，最后按【Ctrl+S】组合键保存文件。

 课后练习 合成动物展示视频

　　某动物园为吸引游客，准备每周在官方网站投放不同的动物展示视频，每个视频中展示3种动物的生活情况，视频分辨率要求为1280像素×720像素，时长为35秒左右。设计师需要利用提供的不同类型的素材，合成一个完整的动物展示视频，除了添加与视频内容相关的图片外，还需要为其制作一个视频封面，参考效果如图1-34所示。

效果预览

图1-34　动物展示视频参考效果

素材位置： 素材\项目1\动物素材\大象.mp4、文本\、梅花鹿.mp4、熊猫.mp4、背景音乐.mp3
效果位置： 效果\项目1\动物展示视频.prproj

项目2
剪辑视频

情景描述

　　米拉在短时间内适应了工作环境，并熟悉了视频编辑的工作流程，于是老洪便让她从较为简单的视频剪辑入手，独立完成秋游Vlog、月饼主图视频和坚果宣传视频3个视频剪辑任务。

　　老洪告诉米拉："剪辑视频是指利用拍摄的大量视频素材，经过分割、删除、组合和拼接等操作，最终制作成一个播放流畅、立意明确的新视频，因此在剪辑视频时，你需要根据视频主题、素材的画面内容来决定所采用的片段以及素材播放速度等。"米拉听取了老洪的建议后，开始着手研究任务相关的资料。

学习目标

知识目标	● 熟悉视频剪辑的常用手法 ● 掌握剪辑视频的基本操作
素养目标	● 培养对视频剪辑创作的兴趣和热情 ● 提升观察力、审美水平和艺术表达能力 ● 锻炼逻辑思维能力，能有条不紊地执行工作内容

任务2.1　制作秋游Vlog

公司前不久刚组织了一次秋游活动，老洪将摄影部在该活动中拍摄的视频交给米拉，让她将其剪辑制作成Vlog。米拉查看后计划使用入点和出点、插入和覆盖素材等剪辑技巧，巧妙地组合和编辑这些素材，完成Vlog的制作。

🔍 任务描述

任务背景	Vlog全称是Video Log，意思是视频记录。随着短视频的兴起，人们开始使用Vlog记录自己生活的方方面面，其主题非常广泛，如旅行、美食、感想、工作等。公司的宣传部门需要在企业宣传片中添加秋游团建活动的视频，展现出公司注重团队建设的文化理念，需要设计师将摄影部拍摄的视频素材制作为秋游Vlog
任务目标	① 部分视频素材时长过长，需要从中选取更为美观的画面
	② 制作分辨率为1920像素×1080像素、时长为40秒左右的Vlog
	③ 在风景视频中穿插一些人物视频，使秋游的过程与美丽的自然景色相互融合
	④ 为秋游Vlog添加背景音乐，结合常用剪辑手法优化视频效果
知识要点	添加标记、编辑标记、设置入点和出点、插入素材、覆盖素材、取消链接素材、波纹编辑工具

本任务的参考效果如图2-1所示。

效果预览

图2-1　秋游Vlog参考效果

素材位置：素材\项目2\秋游素材\脚步1.mp4、脚步2.mp4、人物.mp4、逆光的枫树.mp4、飘动的树叶.mp4、麻雀.mp4、秋游标题.png、背景音乐.mp3

效果位置：效果\项目2\秋游Vlog.prproj

📦 知识准备

为了避免在剪辑视频时出现操作失误，米拉准备先熟悉一下视频剪辑的常用手法，然后再回顾一下标记、入点和出点、常用工具等相关知识。

1. 视频剪辑的常用手法

在视频剪辑过程中通常需要合理利用视频剪辑手法来改变视频画面的视角，推动视频内容朝着设计师的预想方向发展，使视频内容更符合实际需求。

（1）标准剪辑

标准剪辑是指按照时间顺序拼接组合视频素材的剪辑手法。对于没有剧情、只是简单地按照时间顺序拍摄的视频，大多采用标准剪辑手法进行剪辑。

（2）匹配剪辑

匹配剪辑是指利用镜头中的影调、景别、角度、动作、运动方向的匹配进行场景转换的剪辑手法。匹配剪辑常用于连接两个视频画面中动作一致，或者视构图一致的场景，形成视觉连续感。图2-2所示为某影视剧的片头，两个视频画面中心处的形状都是圆形，且对应的物品彼此也有一定关联，在切换视频画面时，利用两个镜头之间的视觉相似性，能够帮助观众忽略由剪辑引起的空间不连续感。

图2-2　匹配剪辑

（3）跳跃剪辑

跳跃剪辑是指剪接同一镜头，使两个视频画面中的场景不变，但其他事物发生了变化的剪辑手法。跳跃剪辑通常用来表现时间的流逝，也可以用于关键剧情和视频画面中，剪掉中间镜头来模糊时间，以增加画面的急迫感和节奏感，如常见的卡点换装类短视频。

（4）J Cut/L Cut

J Cut是一种声音先入的剪辑手法，是指下一视频画面中的音效在画面出现前响起，正所谓"未见其人先闻其声"。在视频制作过程中，J Cut剪辑手法通常不容易被观众发现，但设计师经常使用。例如，制作风景类视频，在视频画面出现之前响起山中小溪的潺潺流水声，以吸引观众的注意力，使其先在脑海中想象出一幅美丽的画面。

L Cut是指上一视频画面的音效一直延续到下一视频画面中的剪辑手法。这种剪辑手法在视频制作中很常用，甚至一些角色间的简单对话也会用到。

（5）动作剪辑

动作剪辑是指用两个画面连接一个动作的剪辑手法。动作剪辑让视频画面在人物角色或拍摄主体仍运动时进行切换，剪辑点（是指视频中由一个镜头切换到下一个镜头的组接点）的选取可以根据动作施展方向，或拍摄主体发生明显变化的简单镜头。动作剪辑多用于动作类视频或影视剧中，能够较自然地展示人物的动作交集画面，也可以增强视频内容的故事性和吸引力。

（6）交叉剪辑

交叉剪辑是指在两个不同的场景间来回切换视频画面的剪辑手法，通过频繁地切换视频画面来建立角色之间的交互关系，如影视剧中大多数打电话的镜头都会使用交叉剪辑。在视频剪辑中，使用交叉剪辑能够提升内容的节奏感，增加内容的张力并制造悬念，从而引导观众的情绪，使其更加关注视频的内容。

（7）蒙太奇剪辑

蒙太奇（Montage，法语，是音译的外来语）原本是建筑学术语言，意为构成、装配，后来发展成一种电影镜头语言。蒙太奇包括画面剪辑和画面合成两方面，当不同的镜头组接在一起时，往往会产生各个镜头单独存在时所不具备的含义，而通过蒙太奇剪辑可以将不同的镜头、场景或片段有机地拼接在一起，使得多个片段在时间和空间上产生联系，从而创造出新的意义、情感和故事。

2．认识标记

为了在Premiere后续剪辑视频时快速找到源素材或序列中的某个画面，可以为源素材或序列添加标记，以标识重要内容，定位时间轴中某一画面的具体位置。可以对添加后的标记进行编辑、查找、删除等操作。

（1）添加标记

添加标记时，既可以在源素材上添加，也可以在序列上添加。

* **在源素材上添加标记：** 在"源"面板中播放视频，然后单击面板下方的"添加标记"按钮📷，或按【M】键，将在时间指示器当前位置上添加标记，如图2-3所示，将在"源"面板中添加标记后的素材拖曳到"时间轴"面板，标记依然存在，如图2-4所示。也可以直接在"时间轴"面板中将时间指示器移动到需要标记的位置，选择需添加标记的素材，然后按【M】键添加标记。

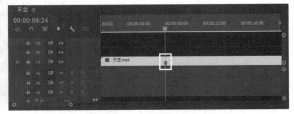

图2-3　在"源"面板中为源素材添加标记　　　　图2-4　在"时间轴"面板中显示源素材的标记

* **在序列上添加标记：** 具体操作方法与在源素材上添加标记的方法相同，只是在序列上添加标记是在"节目"面板中进行操作，并且在"时间轴"面板中添加时无须选择序列。

（2）编辑标记

在"源"面板、"节目"面板、"时间轴"面板中双击添加的标记，可打开图2-5所示的对话框，在该对话框中可设置标记的"名称""持续时间""标记颜色"等参数，单击 确定 按钮完成标记的编辑。若为标记设置了名称，将鼠标指针移至标记上，标记的下方将显示标记名称，如图2-6所示。

（3）查找标记

当"时间轴"面板中存在多个标记时，设计师可通过以下两种方法快速查找。

* **通过快捷菜单：** 在标记上单击鼠标右键，在弹出的快捷菜单中选择"转到上一个标记"命令，时间指示器将自动跳转到上一个标记处；选择"转到下一个标记"命令，时间指示器将自动跳转到下一个标记处。

* **通过菜单命令：** 在菜单栏中选择"标记"/"转到上一标记"命令，时间指示器将自动跳转到上一个标记处；选择"标记"/"转到下一标记"命令，时间指示器将自动跳转到下一个标记处。

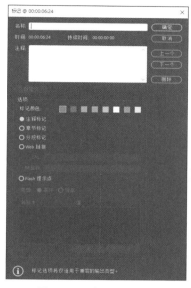

图2-5　设置标记的相关参数

图2-6　显示标记名称

（4）删除标记

如果添加的标记不需要了，可进行删除操作。具体操作方法：在"时间轴"面板、"源"面板或"节目"面板的标尺上单击鼠标右键，在弹出的快捷菜单中选择"清除所选的标记"命令，可删除所选标记；选择"清除所有标记"命令，可清除所有标记。

3. 认识入点和出点

在Premiere中，若想精确地剪辑视频素材，可以通过设置入点（视频的起点）和出点（视频的终点）来提高剪辑效率。

（1）设置入点和出点

设置入点和出点的对象主要有素材（主要在"源"面板中操作）和序列（主要在"节目"面板中操作），为素材设置入点和出点主要是为了在预览素材的同时筛选素材片段内容，以节省在"时间轴"面板中编辑素材的时间；而为序列设置入点和出点主要是为了在输出视频时只输出入点与出点之间的视频，其余视频则被裁剪掉，以精确控制视频的输出内容。

设置入点和出点的具体操作方法：选中"源"面板或"节目"面板，拖曳时间指示器至需要设置入点或出点的时间点，选择"标记"/"标记入点"命令，或单击"标记入点"按钮 ，或按【I】键可设置入点；选择"标记"/"标记出点"命令，或单击"标记出点"按钮 ，或按【O】键可设置出点，图2-7所示为在"源"面板中设置入点和出点的前后对比效果。

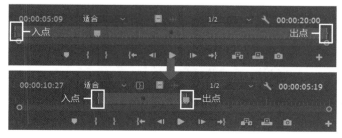

图2-7　在"源"面板中设置入点和出点的前后对比效果

（2）调整序列的入点和出点

为序列设置入点和出点后，若需要修改时间点，除了在"节目"面板中重新设置外，还可在"时间轴"面板中使用选择工具▶进行调整。具体操作方法：选择选择工具▶，在"时间轴"面板上方将鼠标指针移至时间显示区域的入点处，当鼠标指针变为圖形状时，按住鼠标左键不放并向右拖曳鼠标，可设置该序列的入点；将鼠标指针移至时间显示区域的出点处，当鼠标指针变为圖形状时，按住鼠标左键不放并向左拖曳鼠标，可设置序列的出点。图2-8所示为向右拖曳序列的入点。

图2-8　在"时间轴"面板中向右拖曳序列的入点

（3）调整素材的入点和出点

若要调整素材的入点和出点，可在"时间轴"面板中使用不同的编辑工具来进行调整，设计师可根据需要选择。

- **使用选择工具：** 选择选择工具▶，在"时间轴"面板中将鼠标指针移至素材的左端，当鼠标指针变为圖形状时，按住鼠标左键不放并向右拖曳鼠标，可设置该素材的入点；将鼠标指针移至素材的右端，当鼠标指针变为圖形状时，按住鼠标左键不放并向左拖曳鼠标，可设置该素材的出点。图2-9所示为向左拖曳素材的出点。

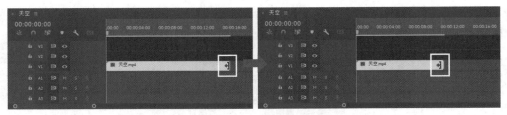

图2-9　使用选择工具向左拖曳素材的出点

- **使用波纹编辑工具：** 使用波纹编辑工具➡可以调整素材的入点和出点，消除由调整素材入点和出点出现的空隙，让相邻的素材保持紧密连接，常用于剪辑视频片段较多的情况。具体操作方法：选择波纹编辑工具➡，将鼠标指针移动至素材出点，当鼠标指针变为■形状时，向左拖曳鼠标，如图2-10所示。此时，相邻素材将自动向左移动，与前面的素材连接在一起，且后面素材的持续时间保持不变，但整个序列的持续时间会发生变化，如图2-11所示。

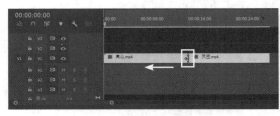

图2-10　向左拖曳以调整出点

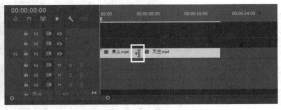

图2-11　整个序列的持续时间发生变化

● **使用滚动编辑工具：** 使用滚动编辑工具📑也可以改变素材的入点和出点，但整个序列的持续时间不变，即使用该工具将前一个素材的出点向左拖曳5帧，后一个素材的入点就会同时向左移动5帧，需要注意的是，若此时后一个素材的入点已经是素材的初始入点，则不能使用该工具调整前一个素材的出点。使用滚动编辑工具📑的具体操作方法：将鼠标指针放在两个相邻素材的边缘位置上，当鼠标指针变为📑形状时，向左或向右拖曳鼠标便可调整素材的入点和出点，如图2-12所示。

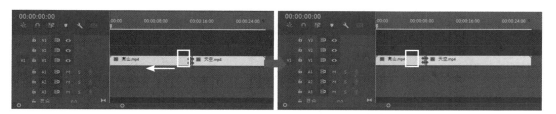

图2-12 使用滚动编辑工具调整入点和出点

● **使用外滑工具：** 使用外滑工具⟷可以在不改变整个序列持续时间的同时，使素材的入点和出点画面发生变化，前提是在入点前或出点后还有片段可供选择。具体操作方法：使用外滑工具⟷将素材向左拖曳可将右侧画面内容左移；向右拖曳可将左侧画面内容右移。例如，图2-13所示的视频入点画面为00:00:00:00处的画面，使用外滑工具⟷在需要编辑的素材上向左拖曳，可将00:00:04:04处的画面作为入点画面，00:00:17:10处的画面作为出点画面，并在"节目"面板中预览效果，如图2-14所示。

● **使用内滑工具：** 使用内滑工具⟷会保持选中素材的持续时间不变，而改变相邻素材的持续时间，并且会使整个序列的持续时间发生变化，其使用方法与外滑工具⟷相似。

图2-13 视频入点画面

图2-14 预览效果

如何判断素材的入点和出点是否已修改？

疑难解析

在"时间轴"面板中，若素材的入点和出点均未修改，则在入点左上角位置和出点右上角位置会分别出现三角形图标◤和◥；若入点和出点有修改，则入点左上角位置和出点右上角位置将不会出现三角形图标◤和◥。

（4）清除入点和出点

若需要清除添加的入点和出点，可在选择添加有入点和出点的面板后，通过以下菜单命令清除入点或出点。

- **清除入点：**若只需要清除入点，选择"标记"/"清除入点"命令。
- **清除出点：**若只需要清除出点，选择"标记"/"清除出点"命令。
- **清除入点和出点：**若要同时清除入点和出点，选择"标记"/"清除入点和出点"命令。

通过快捷菜单清除入点和出点

知识补充　　在添加了入点和出点的面板的时间显示区域中单击鼠标右键，在弹出的快捷菜单中选择"清除入点""清除出点""清除入点和出点"命令也可以清除入点和出点。

4.选择和移动素材

在"时间轴"面板中经常需要移动单个素材或多个素材的位置。在进行移动操作前，需要先选择该素材，而完成这两个操作主要用到选择工具▶和轨道选择工具组。

（1）使用选择工具

选择选择工具▶，单击需要选择的素材可选择单个素材，选中的素材周围将出现灰色的矩形框；若按住【Shift】键，可连续单击选择多个素材，也可以按住鼠标左键不放并拖曳鼠标，创建一个包围所选素材的选取框，在释放鼠标后，选取框中的素材将被选中（此方法也可选择不同轨道上的素材）；选择单个素材后，按【Ctrl+A】组合键可全选序列中所有素材。

选择素材后，按住【Ctrl】键不放并拖曳鼠标可移动素材位置，若没有按住【Ctrl】键，移动素材将会直接覆盖目标位置的素材。

（2）使用轨道选择工具组

当"时间轴"面板中的素材较多，轨道层数多且时间线也比较长时，使用选择工具▶选择和移动素材可能容易出错。此时可使用轨道选择工具组快速选择一个轨道上的素材，再执行移动操作。

- **向前轨道选择工具：**选择向前轨道选择工具▥后，将鼠标指针移动到轨道上，鼠标指针变为▥形状，单击轨道上的素材后，可选择鼠标单击位置及其右侧该轨道上的所有素材，如图2-15所示。

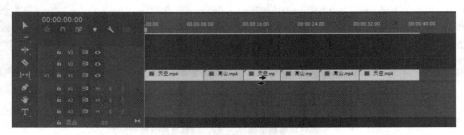

图2-15　使用向前轨道选择工具选择素材

- **向后轨道选择工具：**选择向后轨道选择工具▥后，将鼠标指针移动到轨道上，鼠标指针变为▥形状，单击轨道上的素材后，可选择鼠标单击位置及其左侧该轨道上的所有素材。

另外，使用轨道选择工具组选择素材后，按住鼠标左键不放并左右拖曳鼠标，可在同一轨道上移动素材位置；按住鼠标左键不放并上下拖曳鼠标，可移动素材至其他轨道。

5.插入和覆盖素材

在剪辑视频时，通过插入和覆盖素材的操作可将素材快速添加到"时间轴"面板中，提高剪辑效率。

（1）插入素材

插入素材通常有两种情况，一是将当前时间指示器移动到两个素材之间，插入素材后，时间指示器之后的素材都将向后推移；二是将当前时间指示器移至一个素材中，则插入的新素材会将原素材分为两段，新素材直接插入其中，原素材的后半部分将会向后推移，接在新素材之后，如图2-16所示。

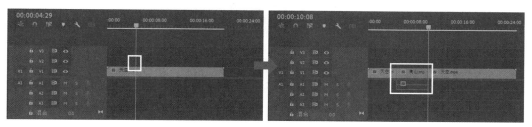

图2-16　将新素材插入到原素材中

在"时间轴"面板中将时间指示器移动到需要插入的位置后，插入素材的方法主要有以下3种。

- **通过命令**：在"项目"面板中选中要插入"时间轴"面板中的素材，然后单击鼠标右键，在弹出的快捷菜单中选择"插入"命令，可将该素材完整地插入"时间轴"面板中。
- **通过按钮**：在"源"面板中设置要插入素材的入点和出点（若未设置入点和出点，将直接插入整个视频），再单击"源"面板下方的"插入"按钮插入该素材。
- **通过拖曳**：在按住【Ctrl】键的同时，直接将"项目"面板中选中的素材拖曳到"时间轴"面板中需要插入素材的位置。

（2）覆盖素材

覆盖素材与插入素材的效果类似，不同的是，覆盖素材时，时间指示器后方素材的重叠部分会被覆盖，且不会向后移动，即整个序列的时长不会改变，图2-17所示为覆盖素材前后的对比。

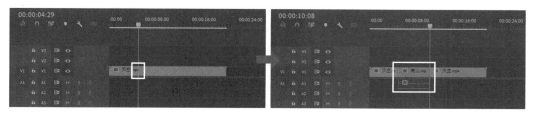

图2-17　覆盖素材前后的对比

覆盖素材的操作方法与插入素材的操作方法大致相同，需要先在"时间轴"面板中确定要添加素材的位置，然后在"源"面板中设置要插入素材的入点和出点（若未设置入点和出点，将直接插入整个视频），再单击"源"面板下方的"覆盖"按钮；或者在"项目"面板中选择要添加的素材，单击鼠标右键，在弹出的快捷菜单中选择"覆盖"命令。

6. 链接和取消链接素材

在Premiere中，音频和视频分别放置在不同的轨道中。若视频素材包含音频，则默认音频和视频处于相互链接状态，若需要单独操作其中的视频或音频，就要先取消链接；如果需要同时调整不同轨道上的多个素材，可以先链接这些素材再进行操作，从而提高工作效率。

具体操作方法：在"时间轴"面板中选择需要分离或链接的素材，单击鼠标右键，在弹出的快捷菜单中选择"取消链接"命令可分离素材，选择"链接"命令可链接素材。图2-18所示为取消链接素材前后的对比效果，在取消链接之前，单击链接素材中的任意一个素材，会自动选中与之链接的所有素材，而取消链接后，将只会选中所单击的素材。

图2-18　取消链接素材前后的对比效果

🔧 任务实施

1. 设置标记、入点和出点

米拉准备通过设置标记、入点和出点的操作，在与人物相关的视频素材中选取有人物出现并较为美观的画面，以便后续添加到风景素材中，具体操作如下。

（1）启动Premiere，单击 新建项目 按钮，打开"新建项目"对话框，设置项目名称为"秋游Vlog"，单击 确定 按钮。在"项目"面板中单击鼠标右键，在弹出的快捷菜单中选择"导入"命令，打开"导入"对话框，选择"秋游素材"文件夹中所有素材，单击 打开(O) 按钮进行导入。

（2）双击"脚步1.mp4"素材，在"源"面板中显示该素材。将时间指示器移至00:00:01:17处，即鞋子即将出现的时间点，按【M】键添加一个标记，如图2-19所示。

（3）双击绿色标记，打开"标记"对话框，在其中设置"名称"为"鞋子出现"，然后单击 确定 按钮，如图2-20所示。使用相同的方法在00:00:05:16处添加标记，并设置"名称"为"鞋子消失"。

图2-19　添加标记

图2-20　设置标记的名称

（4）将时间指示器移至第一个标记之前，此处选择移至00:00:01:10处，按【I】键设置入点，如图2-21所示。再将时间指示器移至第二个标记之后，此处选择移至00:00:05:20处，按【O】键设置出点，如图2-22所示。

（5）使用与步骤（2）相同的方法显示"脚步2.mp4""人物.mp4"视频，并使用与步骤（4）相同的方法，在"源"面板中设置"脚步2.mp4"的入点和出点分别为"00:00:00:23""00:00:03:23"；设置"人物.mp4"的入点和出点分别为"00:00:01:00""00:00:06:00"，如图2-23所示。

图 2-21　设置"脚步 1.mp4"视频的入点

图 2-22　设置"脚步 1.mp4"视频的出点

图 2-23　设置"脚步 2.mp4""人物 .mp4"视频素材的入点和出点

2. 剪辑风景素材并添加视频标题

米拉选取完部分素材的画面内容后，准备修剪两段枫叶的视频素材，并添加视频标题，具体操作如下。

（1）拖曳"项目"面板中的"逆光的枫树.mp4"素材至"时间轴"面板，将自动生成与其同名的序列，如图2-24所示。

图 2-24　基于素材生成序列

（2）在"项目"面板中选中"逆光的枫树"序列，再单击其名称，将显示文本框，在其中输入"秋游Vlog"文本，然后按【Enter】键完成重命名操作。

（3）选择选择工具▶，在"时间轴"面板中将时间指示器移至00:00:04:00处，然后将鼠标指针移至素材的右端，当鼠标指针变为▣形状时，按住鼠标左键不放并向左拖曳，同时按住【Shift】键不放，当鼠标指针移至时间指示器附近时，素材右端将自动吸附在对应的时间点处，之后释放鼠标，如图2-25所示。

（4）拖曳"飘动的树叶.mp4"素材至"逆光的枫树.mp4"右侧，再拖曳"秋游标题.png"素材至V2轨道，使用与步骤（3）相同的方法，调整其出点至时间指示器位置，如图2-26所示。

图2-25　调整"逆光的枫树.mp4"视频的出点

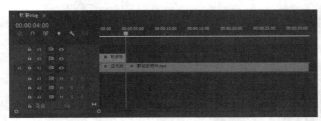

图2-26　添加视频标题并调整出点

3. 使用人物素材覆盖风景素材

米拉准备直接使用覆盖功能，将"飘动的树叶.mp4"视频中的部分片段替换为人物相关的视频，让该视频能交替呈现风景与人物画面，具体操作如下。

（1）双击"脚步1.mp4"素材，在"时间轴"面板中将时间指示器移至00:00:06:00处，然后单击"源"面板中的"覆盖"按钮🔳，使其替换"飘动的树叶.mp4"视频中的部分画面，如图2-27所示。

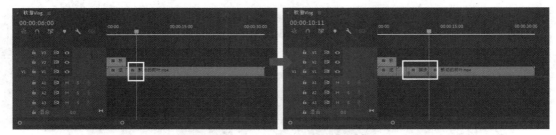

图2-27　使用"脚步1.mp4"视频覆盖"飘动的树叶.mp4"部分画面

（2）双击"脚步2.mp4"素材，将时间指示器移至00:00:10:10处，使用与步骤（1）相同的方法，使其覆盖"飘动的树叶.mp4"视频中的部分画面。

（3）将"时间轴"面板中的时间指示器移至00:00:17:23处，使用与步骤（1）相同的方法，使用"人物.mp4"素材继续进行覆盖，如图2-28所示。

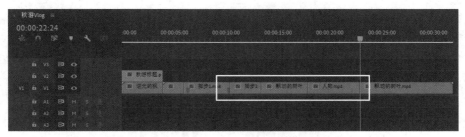

图2-28　使用其他视频素材覆盖"飘动的树叶.mp4"部分画面

4. 插入麻雀素材并分离音频

为了丰富视频内容，米拉准备在风景素材中插入一段麻雀的视频，并采用 J Cut 的剪辑手法，使麻雀的叫声提前出现以引出画面内容，最后再为整个视频添加一段背景音乐，具体操作如下。

微课视频

插入麻雀素材并
分离音频

（1）双击"麻雀.mp4"素材，将"时间轴"面板中的时间指示器移至00:00:27:00处，然后单击"源"面板中的"插入"按钮，使其插入"飘动的树叶.mp4"视频中间，如图2-29所示。

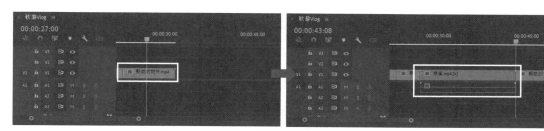

图2-29　插入"麻雀.mp4"视频

（2）在"时间轴"面板中保持选中"麻雀.mp4"视频，单击鼠标右键，在弹出的快捷菜单中选择"取消链接"命令，分离音频和视频。

（3）选择波纹编辑工具，先将时间指示器移至00:00:35:00处，然后将鼠标指针移至"麻雀.mp4"视频的右端，当鼠标指针变为形状时，按住鼠标左键不放并拖曳至时间指示器所在位置，如图2-30所示。

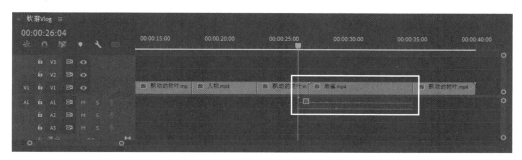

图2-30　调整"麻雀.mp4"视频出点

（4）将时间指示器移至00:00:26:04处，选择选择工具，选中A1轨道中分离出来的音频，然后按住鼠标左键不放并向左拖曳，将入点拖曳至时间指示器所在位置，再使其出点与"麻雀.mp4"视频的出点对齐，如图2-31所示。

```
秋游Vlog  ≡
00:00:26:04
                    00:00:15:00      00:00:20:00      00:00:25:00      00:00:30:00      00:00:35:00      00:00:40:00
V3
V2
V1   V1
                    飘动的树叶.mp    人.mp4      飘动的树叶m  麻雀.mp4           飘动的树叶.mp4
A1   A1
A2
A3
```

图2-31　调整音频的入点和出点

（5）将"背景音乐.mp3"素材拖曳至A2轨道的00:00:00:00处，并使其出点与最后一段视频的出点对齐。预览视频效果，如图2-32所示，最后按【Ctrl+S】组合键保存文件。

图2-32 秋游Vlog参考效果

制作露营Vlog

导入提供的素材，先利用入点和出点选取部分素材中的视频片段，然后适当剪辑其他视频素材并添加标题文本图片，再利用覆盖功能替换"露营帐篷.avi"视频中的部分画面，完成露营Vlog的制作。本练习的参考效果如图2-33所示。

课堂练习

图2-33 露营Vlog参考效果

素材位置： 素材\项目2\露营素材\天空.avi、烧烤.mp4、露营灯.mp4、露营帐篷.avi、露营Vlog.png、背景音乐.mp3、火炉.avi

效果位置： 效果\项目2\露营Vlog.prproj

任务2.2 制作月饼主图视频

米拉在完成秋游Vlog的任务后，又迅速投入新的任务——制作月饼主图视频中。由于米拉是第一次接触到主图视频，因此她准备先查询主图视频的相关制作要求，然后根据客户提供的视频素材来确定剪辑思路。

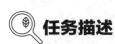 **任务描述**

任务背景	主图视频是呈现在商品购买页第一张主图之前的视频，一般用于展现商品的外观、功能、性价比等。临近中秋，某糕点品牌推出一款手工月饼，现提供了月饼的制作视频和展示视频，需要设计师利用提供的视频素材为该款月饼制作主图视频，以体现出该月饼手工制作的卖点
任务目标	① 制作分辨率为1920像素×1080像素、时长为40秒左右的主图视频
	② 为了制作出符合需求的视频，除了需要选取较为美观的视频画面外，还需要适当调整视频的播放速度

任务目标	③ 为了让消费者能够更加明确视频画面的主题，可为月饼的制作过程添加对应的描述文本
知识要点	创建子剪辑、使用剃刀工具、调整视频播放速度、编组素材、导入PSD格式的文件

本任务的参考效果如图2-34所示。

图2-34 月饼主图视频参考效果

素材位置： 素材\项目2\月饼素材\月饼展示.mp4、月饼制作.mp4、描述文本.psd、背景音乐.mp3

效果位置： 效果\项目2\月饼主图视频.prproj

📦 知识准备

老洪建议米拉在制作月饼主图视频的任务中，使用更多的工具和功能来剪辑视频，如剃刀工具、提升和提取功能等，并熟练掌握更多操作，提高自身的视频剪辑能力。

1. 认识剃刀工具

剃刀工具 是Premiere中十分常用的视频剪辑工具，不需要设置入点和出点便可直接在"时间轴"面板中分割素材。该工具的操作方法较为简单，只需选择剃刀工具 （默认快捷键为【C】键），在需要分割的位置单击鼠标左键即可，如图2-35所示。需注意的是，使用剃刀工具 分割素材时，默认只分割一个轨道上的素材，若想同时在多个轨道相同位置分割素材，可按住【Shift】键不放，当鼠标指针变为 形状时，在其中任意一个轨道上单击鼠标左键，可同时在多个轨道相同位置分割素材，如图2-36所示。

图2-35 分割单个素材　　　　　　　图2-36 分割多个素材

2．提升和提取素材

在剪辑视频时，若需要删除素材中不需要的部分片段，可利用提升和提取素材的功能进行操作。

（1）提升素材

在提升素材时，Premiere将从"时间轴"面板中移除一部分素材，然后在移除素材的位置留下一个空白区域。具体操作方法：在"节目"面板中需要删除的帧上设置入点和出点，选择"序列"/"提升"命令，或在"节目"面板中单击"提升"按钮 提升素材，此时Premiere将移除由入点标记和出点标记划分出的区域，并在轨道中留下一个空白区域。图2-37所示为提升素材前后的对比。

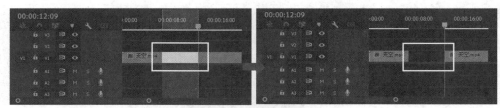

图2-37　提升素材前后的对比

（2）提取素材

提取素材时，Premiere将从"时间轴"面板中移除一部分素材，其后面的部分会自动向前移动，补上删除部分的空缺，因此不会有空白区域。提取素材的操作方法与提升素材的操作方法大致相同，需要先在"节目"面板中需要删除的区域上设置入点和出点，然后单击"节目"面板中的"提取"按钮 ，或选择"序列"/"提取"命令提取素材，此时Premiere将移除由入点标记和出点标记划分出的区域，并将剩余部分连接在一起。图2-38所示为提取素材前后的对比。

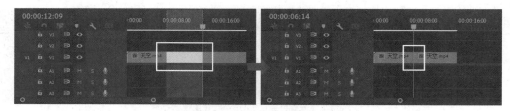

图2-38　提取素材前后的对比

3．编组和解组素材

在"时间轴"面板中可以使用"编组"命令，将多个素材绑定为一个整体，以便于对这些素材进行统一操作，编组后的素材可通过"解组"命令解除绑定。

编组与解组素材的具体操作方法：在"时间轴"面板中选择需要编组或解组的素材，单击鼠标右键，在弹出的快捷菜单中选择"编组"命令可编组素材，图2-39所示为同时右移编组后的素材；选择"取消编组"命令可解组素材。另外，也可以通过"剪辑"/"编组"命令和"剪辑"/"取消编组"命令来进行编组和解组操作。

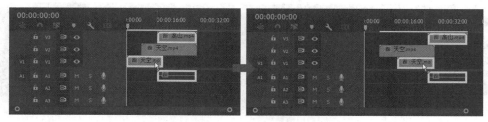

图2-39　同时右移编组后的素材效果

编组素材和链接素材有什么区别？

疑难解析

链接素材只能链接不同轨道上的素材，不能链接相同轨道上的素材，但能够统一为链接的素材添加特效；编组素材既能绑定不同轨道上的素材，也能绑定相同轨道上的素材，但不能统一为编组后的素材添加特效，需要先将其解组，然后分别为单个素材添加特效。

4. 认识主剪辑和子剪辑

将素材首次导入"项目"面板中时，该素材即为主剪辑（也称为源剪辑），而基于主剪辑生成的所有序列剪辑则可被看作子剪辑。通过主剪辑可以创建多个子剪辑，从而细致划分整个素材，因此主剪辑和子剪辑常被用于剪辑持续时间较长、内容比较复杂的视频。

（1）制作子剪辑

在"源"面板中设置素材的入点和出点后，选择"剪辑"/"制作子剪辑"命令（也可按【Ctrl+U】组合键），或在"项目"面板或"源"面板中单击鼠标右键，在弹出的快捷菜单中选择"制作子剪辑"命令，打开"制作子剪辑"对话框，如图2-40所示。在"名称"文本框中可为子剪辑设置名称。选中"将修剪限制为子剪辑边界"复选框，则整个子剪辑的持续时间将会固定，不能随意调整子剪辑的入点和出点。单击 确定 按钮，子剪辑制作完成。可在"项目"面板中查看子剪辑，如图2-41所示。

（2）编辑子剪辑

在"项目"面板中选择子剪辑，选择"剪辑"/"编辑子剪辑"命令，打开"编辑子剪辑"对话框，然后在"子剪辑"栏中可重新设置开始时间（入点）和结束时间（出点），如图2-42所示。

图2-40　"制作子剪辑"对话框　　　　图2-41　查看子剪辑　　　　图2-42　"编辑子剪辑"对话框

知识补充　　　　**通过拖曳素材打开"制作子剪辑"对话框**

在"源"面板中为素材添加入点和出点后，按住【Ctrl】键不放，同时将"源"面板中的素材拖曳至"项目"面板中，也可打开"制作子剪辑"对话框。

5. 调整播放速度

素材的速度和持续时间决定了视频播放的快慢和显示时间的长短，在"时间轴"面板或"项目"面板中选择需要的素材，然后单击鼠标右键，在弹出的快捷菜单中选择"速度/持续时间"命令；或选择"剪辑"/"速度/持续时间"命令，打开"剪辑速度/持续时间"对话框，如图2-43所示，其中各选项介绍如下。

- **速度：** 用于设置视频播放速度的百分比。
- **持续时间：** 用于设置素材显示时间的长短，该值越大，播放速度越慢；该值越小，播放速度越快。
- **倒放速度：** 选中该复选框，可反向播放视频。
- **保持音频音调：** 当视频中包含音频时，选中该复选框，可使音频保持在当前音调，不随速度或持续时间变化而改变。
- **波纹编辑，移动尾部剪辑：** 选中该复选框，可删除因视频的持续时间缩短而产生的间隙。
- **时间插值：** 用于设置生成补帧的算法。

图2-43 "剪辑速度/持续时间"对话框

另外，也可以直接使用比率拉伸工具 调整素材的速度，具体操作方法：选择比率拉伸工具 ，将鼠标指针移至素材边缘，鼠标指针变为 形状时，按住鼠标左键不放并左右拖曳，可加快视频播放速度（向左拖曳）或减慢播放速度（向右拖曳）。图2-44所示为使用比率拉伸工具 减慢视频播放速度的前后对比效果，播放速度发生改变后，素材名称的右侧将显示视频播放速度的百分比。

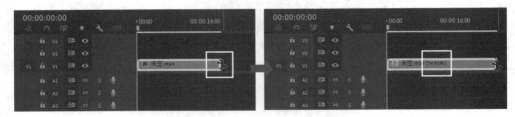

图2-44 使用比率拉伸工具调整素材的播放速度

✕ 任务实施

1. 创建子剪辑

微课视频

创建子剪辑

米拉准备先查看"月饼制作"视频素材中的画面内容，然后按照制作思路分别选取出所需的视频片段，并创建为与内容对应名称的子剪辑，以便于后续为其添加描述文本，具体操作如下。

（1）新建名称为"月饼主图视频"的项目文件，然后导入"月饼制作.mp4""月饼展示.mp4"素材。

（2）双击"月饼制作.mp4"素材，在"源"面板中显示该素材，将时间指示器移至00:00:10:02处，按【 I 】键设置入点；再将时间指示器移至00:00:16:17处，按【 O 】键设置出点，从素材中选取出"切面坯"的视频片段，如图2-45所示。

（3）选择"剪辑"/"制作子剪辑"命令，或按【Ctrl+U】组合键，打开"制作子剪辑"对话框，设置"名称"为"切面坯"，然后单击 确定 按钮，如图2-46所示。此时在"项目"面板中可查看到所生成的"切面坯"子剪辑，如图2-47所示。

（4）使用与步骤（2）~步骤（3）相同的方法，分别将"月饼制作.mp4"素材00:00:38:18~00:00:49:21的片段制作为"包裹馅料"子剪辑；将00:01:16:06~00:01:19:23的片段制作为"压花"子剪辑；将00:01:35:13~00:01:41:07的片段制作为"上色"子剪辑；将00:01:51:04~00:01:56:09的片段制作为"放入烤箱"子剪辑；将00:01:59:17~00:02:05:02的片段制作为"拿出月饼"子剪辑，制作好的子剪辑如图2-48所示。

图2-45 选取"切面坯"视频片段　　　　图2-46 设置子剪辑名称　　　　图2-47 查看子剪辑

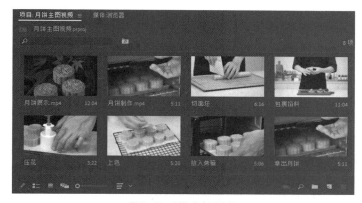

图2-48 制作多个子剪辑

2. 分割与删除月饼展示视频

微课视频

米拉在查看"月饼展示.mp4"视频素材后，发现视频结尾处的部分画面较为多余，因此准备使用剃刀工具 分割视频，再删除不需要的片段，具体操作如下。

（1）拖曳"月饼展示.mp4"素材至"时间轴"面板，自动生成与其同名的序列，然后将其重命名为"月饼主图视频"。

（2）在"时间轴"面板中将时间指示器移至00:00:10:00处，然后选择剃刀工具 ，在时间指示器所在位置单击鼠标左键，将该视频素材分割为两段，如图2-49所示。

（3）选择选择工具 ，选中右侧的"月饼展示.mp4"视频，然后按【Delete】键删除，如图2-50所示。

分割与删除月饼
展示视频

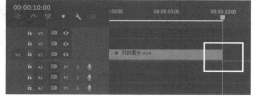

图2-49 分割"月饼展示.mp4"视频　　　　图2-50 删除多余视频片段

3. 调整视频播放速度

微课视频

米拉将月饼制作的子剪辑拖曳到"时间轴"面板中，发现视频的总时长与客户要求的时长不符，因此她准备调整部分素材的播放速度，使序列的总时长保持在40秒左右，具体操作如下。

调整视频播放速度

（1）按照图2-51所示的顺序，依次拖曳6个子剪辑到"时间轴"面板中。

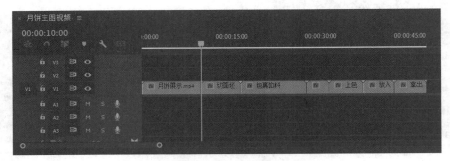

图2-51　拖曳子剪辑到"时间轴"面板中

（2）选择"月饼展示"子剪辑，在其上单击鼠标右键，在弹出的快捷菜单中选择"速度/持续时间"命令，打开"剪辑速度/持续时间"对话框，设置"速度"为"120%"，选中"波纹编辑，移动尾部剪辑"复选框，然后单击 确定 按钮，如图2-52所示。此时"时间轴"面板中"月饼展示"子剪辑的时长将自动缩短，且其名称的右侧将显示速度的具体参数，如图2-53所示。

图2-52　调整播放速度　　　　图2-53　调整"月饼展示"子剪辑播放速度的效果

（3）使用与步骤（2）相同的方法，分别将"切面坯""包裹馅料""上色""放入烤箱""拿出月饼"子剪辑的"速度"设置为"130%""124%""121%""118%""115%"，使序列总时长为40秒左右，如图2-54所示。

图2-54　调整其他子剪辑的播放速度

4．添加文本并编组

米拉开始为月饼制作的片段添加描述文本，并准备利用编组功能将视频与文本进行绑定，具体操作如下。

（1）导入"描述文本.psd"素材，打开"导入分层文件：描述文本"对话框，设置"导入为"为"各个图层"，然后单击 确定 按钮，如图2-55所示。

（2）在"项目"面板中双击打开"描述文本"文件夹，分别拖曳其中的文本素材到V2轨道，然后根据对应的视频调整文本素材的入点和出点，如图2-56所示。再分别选择对应的视频和文本，选择"剪辑"/"编组"命令进行编组。

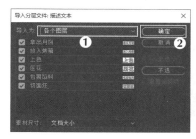

图2-55 导入分层文件

图2-56 添加描述文本并调整入点和出点

（3）将"背景音乐.mp3"素材拖曳至A1轨道的00:00:00:00处，并使其出点与最后一段视频的出点对齐，预览视频效果，如图2-57所示，最后按【Ctrl+S】组合键保存文件。

图2-57 月饼主图视频参考效果

作为一名设计师，在编辑视频时，不仅需要具备相应的专业技能，还需要具备清晰的逻辑思维能力，能够在剪辑视频时有条不紊地组织镜头和场景，使视频画面更加流畅、连贯，从而让观众理解视频想要传达的信息。

设计素养

课堂练习

制作行李箱主图视频

导入提供的素材，先设置入点和出点将视频素材拆分为多个子剪辑，然后进行重命名操作，接着调整播放顺序和速度，再为子剪辑添加对应文本，最后添加背景音乐，完成行李箱主图视频的制作。本练习的参考效果如图2-58所示。

效果预览

图2-58 行李箱主图视频参考效果

素材位置： 素材\项目2\行李箱素材\行李箱.mp4、文本.psd、背景音乐.mp3

效果位置： 效果\项目2\行李箱主图视频.prproj

综合实战　剪辑坚果宣传视频

通过两个视频剪辑任务的磨炼，老洪认为米拉在视频剪辑方面的操作已经较为熟练，于是将剪辑坚果宣传视频的任务交给她，并要求她综合利用Premiere中与剪辑相关的工具和功能，高效且出色地完成该任务。

 实战描述

实战背景	商品宣传视频主要用于展示商品的外观、卖点和优势等，以便消费者能够通过该视频更加了解商品信息。某零食店为宣传店铺内销量较好的几款坚果商品，准备为其制作宣传视频并投放在店铺内，以吸引消费者注意，因此需要设计师利用提供的坚果视频素材制作一个宣传视频
实战目标	① 制作分辨率为1920像素×1080像素、时长为40秒左右的宣传视频
	② 从客户提供的素材中选取较为美观的画面片段并组合，使视频具备良好的视觉效果，从而有效地进行宣传
	③ 为了让消费者能够更直观地获取商品信息，可为坚果的视频画面添加对应的文本
知识要点	添加标记、设置入点和出点、制作子剪辑、剃刀工具、调整视频播放速度、编组素材、导入PSD格式的文件

本实战的参考效果如图2-59所示。

图2-59　坚果宣传视频参考效果

素材位置： 素材\项目2\坚果素材\巴旦木和核桃仁.mp4、开心果和腰果.mp4、松子.mp4、坚果文本.psd、背景音乐.mp3

效果位置： 效果\项目2\坚果宣传视频.prproj

思路及步骤

在制作本案例时，设计师可以利用入点和出点、剃刀工具来裁剪不同视频素材，然后根据客户需求调整各段视频的播放速度，使总时长符合要求，再添加对应的文本，让消费者能够明了具体的商品信息，最后添加背景音乐并调整出点。本例的制作思路如图2-60所示，参考步骤如下。

① 选取视频素材中的片段

② 调整视频播放速度　　　　　　　　　③ 添加对应的文本

④ 添加背景音乐并调整出点

图2-60　制作坚果宣传视频的思路

（1）新建项目，导入所有视频素材，为部分视频添加标记，设置入点和出点，并分别制作与坚果名称对应的子剪辑。

（2）基于素材创建序列，利用剃刀工具 ◥ 裁剪素材，并删除多余的片段。

（3）将所有子剪辑拖曳至"时间轴"面板，再适当调整播放速度。

（4）导入PSD格式的素材文件，为子剪辑添加与内容相对应的文本，编组并调整文本的入点和出点。

（5）添加背景音乐并调整出点，最后按【Ctrl+S】组合键保存文件。

微课视频

剪辑坚果宣传视频

课后练习 **剪辑柠檬宣传视频**

森鲜森水果店新进了一批柠檬，为扩大宣传并提高销售量，拍摄了一组展示视频，需要设计师使用这些视频制作宣传视频，并将店铺名称显示在视频画面中，分辨率要求为 1920 像素 × 1080 像素，时长小于 40 秒。设计师需要先查看视频内容，选取部分视频片段进行剪辑，调整视频播放速度，再添加店铺名称的文本，最终制作出能够吸引消费者的柠檬宣传视频，参考效果如图 2-61 所示。

效果预览

图2-61 柠檬宣传视频参考效果

素材位置： 素材\项目2\柠檬素材\柠檬.mp4、自制柠檬汁.mp4、森鲜森水果店.png、背景音乐.mp3

效果位置： 效果\项目2\柠檬宣传视频.prproj

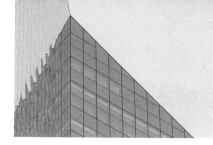

项目3
制作关键帧动画

米拉在实习的前期阶段不断巩固理论知识，熟练地剪辑视频，同时对视频编辑这个行业的了解也越来越深入，于是老洪准备考查她制作关键帧动画的能力，并交给她与之相关的视频编辑任务。

老洪告诉米拉："关键帧在视频编辑中是一个非常重要的功能，它能够制作出流畅的动画效果，提升视觉效果，让视频更加生动，从而更能吸引观众的注意力。"

学习目标

知识目标	● 熟悉关键帧动画的原理 ● 能够利用不同属性的关键帧制作动画 ● 掌握调整关键帧插值的方法
素养目标	● 培养创新思维能力，在关键帧动画中融入想象力和创意 ● 注重细节且具备耐心，通过不断尝试和实践改善视频效果

任务3.1 制作《逐梦青春》影视剧片头

　　米拉仔细查看了《逐梦青春》影视剧片头的任务资料，发现客户要求视频画面简洁、大方，并依次展现主创人员的名单，她决定使用关键帧来制作该影视剧的片头，通过不同属性的变化来设计丰富的动画效果。

🔍 任务描述

任务背景	片头是指电影、电视栏目或电视剧开头用于营造气氛、烘托气势、呈现作品名称、开发单位、作品信息的一段视频。《逐梦青春》是一部以"青春""励志"为主题的影视剧，目前已完成所有拍摄，进入后期制作阶段，现需设计师利用剧中的一些片段设计并制作影视剧片头
任务目标	① 制作分辨率为1920像素×1080像素、时长为40秒左右的片头
	② 综合利用提供的3段视频素材以及关键帧功能进行制作，让视频画面的切换更加自然
	③ 需要利用关键帧动画展示出导演、监制、领衔主演、主演等主创人员的名单
	④ 在片头结尾处显示影视剧名《逐梦青春》，并为其制作动画，吸引观众注意，使其留下深刻印象
知识要点	设置入点和出点、开启并添加关键帧、选择关键帧、复制和粘贴关键帧、增加轨道

　　本任务的参考效果如图3-1所示。

效果预览

图3-1 《逐梦青春》影视剧片头参考效果

素材位置：素材\项目3\影视剧片头素材\城市.mp4、车流.mp4、人物.mp4、文本\、背景音乐.mp3、星光.png

效果位置：效果\项目3\《逐梦青春》影视剧片头.prproj

📦 知识准备

　　为了更好地利用不同属性的关键帧，米拉准备先了解关键帧动画的原理及基本的属性，同时再熟悉一下关键帧的基本操作。

1. 认识关键帧动画

关键帧是指角色或者物体在运动变化中关键动作所处的那一帧，主要用于定义角色或物体动作中变化的帧，是一种非常重要的帧类型。在编辑视频的过程中，设计师可以为不同时间点的关键帧设置不同的参数值，使视频在播放过程中产生运动或变化。

关键帧动画是指为需要动画效果的属性在不同的时间点（即帧）设置不同的值，其他时间点中的值则是利用这些关键的值通过特定的插值方法计算出来的，从而得到比较流畅的动画效果。例如，图3-2所示的凉皮广告中，凉皮图像旋转进入画面并逐渐显示，文本背景从上至下移动至画面中，最后文本再逐渐显示出来。

图3-2　凉皮广告中的关键帧动画

在Premiere中，主要通过"效果控件"面板调整关键帧的不同参数，如位置、缩放、不透明度等，从而制作出关键帧动画。下面介绍"效果控件"面板中的部分参数。

- **位置：** 为位置属性设置关键帧，可以使素材在"节目"面板中移动。该参数的两个值分别表示素材在序列坐标系 x 轴和 y 轴方向上的值（序列坐标系以"节目"面板画面的左上角为原点，往右为 x 轴方向上的正值，往下为 y 轴方向上的正值）。
- **缩放：** 为缩放属性设置关键帧，可以使素材在"节目"面板中变换大小。
- **旋转：** 为旋转属性设置关键帧，可以使素材产生旋转效果，使其围绕中心点或自定义点旋转。
- **锚点：** 为锚点属性设置关键帧，可以改变素材在设置位置、旋转和缩放属性时的中心点，使素材能够围绕不同轴心旋转、以不同点为中心进行缩放。
- **防闪烁滤镜：** 当缩小高分辨率素材时，为防闪烁滤镜属性设置关键帧，可优化视频画面细节的闪烁问题。要注意的是，随着数值的增加，将消除更多的闪烁，但视频画面也会变淡。
- **不透明度：** 为不透明度属性设置关键帧，可以控制素材的不透明度变化，实现淡入淡出、渐变消失或透明度变化等动画效果。
- **速度：** 为速度属性设置关键帧，可以调整素材的播放速度，实现快慢放、时间延伸或压缩等动画效果。

2. 关键帧的基本操作

设计师需要先掌握关键帧的基本操作，才能成功制作关键帧动画。

（1）开启并添加关键帧

选择需要添加关键帧的素材，然后将时间指示器移动到需要添加关键帧的位置，在"效果控件"面板中单击需要添加关键帧的属性前的"切换动画"按钮，将其激活变为状态，表示开启关键帧，并同时在时间指示器所在位置添加一个关键帧，如图3-3所示。

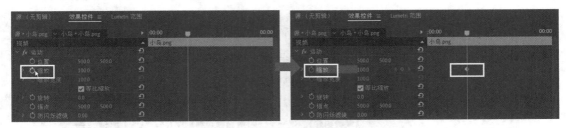

图3-3　开启并添加关键帧

若需要继续为同一个属性添加关键帧，可移动时间指示器的位置，然后修改该属性的参数；或单击按钮组中的"添加/移除关键帧"按钮，可添加一个相同参数的关键帧。

◄◀◇▶► 按钮组的作用

知识补充

当某个属性中存在多个关键帧时，单击◄◀◇▶► 按钮组中的"移到上一关键帧"按钮◀可将时间指示器从当前位置跳转到上一关键帧所在位置，单击"移到下一关键帧"按钮▶可将时间指示器从当前位置跳转到下一关键帧所在位置。

（2）选择关键帧

当需要对单个或多个关键帧进行操作时，需要先使用以下4种方法选择对应的关键帧。

- **选择单个关键帧：** 选择选择工具▶，直接在"效果控件"面板中单击要选择的关键帧，当关键帧显示为蓝色时，表示该关键帧已被选中。
- **选择某种属性的全部关键帧：** 直接在"效果控件"面板中单击属性的名称。
- **选择多个相邻关键帧：** 选择选择工具▶，在"效果控件"面板中按住鼠标左键不放并拖曳鼠标，绘制出一个选取框，释放鼠标左键后，该选取框内的关键帧将被全部选中，如图3-4所示。
- **选择多个不相邻关键帧：** 选择选择工具▶，按住【Shift】键或【Ctrl】键不放，在"效果控件"面板中依次单击多个关键帧。

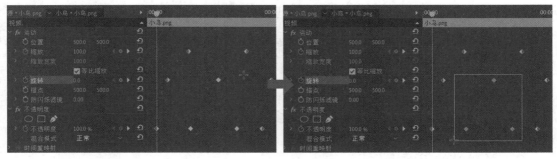

图3-4　选择多个相邻关键帧

（3）复制与粘贴关键帧

在制作关键帧动画时，有时会需要添加多个具有相同属性值的关键帧，可以通过以下3种方式来复制与粘贴关键帧。

- **使用菜单命令：** 选择需要复制的关键帧，选择"编辑"/"复制"命令，或单击鼠标右键，在弹出的快捷菜单中选择"复制"命令；然后将时间指示器移动至新的位置，选择"编辑"/"粘贴"命令，或单击鼠标右键，在弹出的快捷菜单中选择"粘贴"命令，可将关键帧粘贴到时间指示器所在位置。

- **使用鼠标拖曳：** 选择需要复制的关键帧，按住【Alt】键不放，同时在该关键帧上按住鼠标左键，将其向左或向右拖曳进行复制，释放鼠标后，将会出现与所选关键帧相同的关键帧，如图3-5所示。

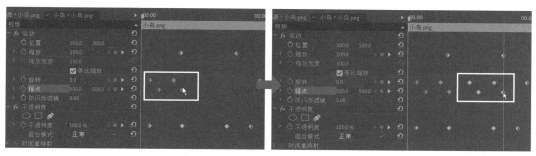

图3-5　使用鼠标拖曳复制与粘贴关键帧

- **使用快捷键：** 选择需要复制的关键帧，按【Ctrl + C】组合键复制，然后将时间指示器移动到需要粘贴关键帧的位置，按【Ctrl + V】组合键粘贴。

知识补充

在"时间轴"面板中编辑关键帧

前面所讲关键帧的基本操作大多数都是在"效果控件"面板中完成。然而，添加的关键帧也存在于"时间轴"面板的轨道中，同时在"时间轴"面板中也能够编辑关键帧，具体操作方法可扫描右侧的二维码，查看详细内容。

知识补充

在"时间轴"面板中编辑关键帧

⚒ **任务实施**

1. 为视频画面制作动画

为了避免视频画面出现得过于突兀，米拉准备结合黑场视频和不透明度属性的关键帧，让每个视频素材出现时都能平滑地过渡，具体操作如下。

微课视频

为视频画面制作动画

（1）新建名称为"《逐梦青春》影视剧片头"的项目文件，然后导入所有素材，新建"视频"素材箱并将视频素材拖曳至该素材箱中，如图3-6所示。

（2）在"项目"面板中单击"新建项"按钮🗒，在弹出的下拉菜单中选择"黑场视频"命令，打开"新建黑场视频"对话框，直接单击 确定 按钮。双击"黑场视频"素材，在"源"面板中显示该素材，设置出点为"00:00:01:12"。

（3）拖曳"城市.mp4"素材至"时间轴"面板，将自动生成与其同名的序列，然后将序列重命名为

"《逐梦青春》影视剧片头"。拖曳"黑场视频"素材至V2轨道,并使其入点与"城市.mp4"素材入点对齐,如图3-7所示。

图3-6　导入并管理素材

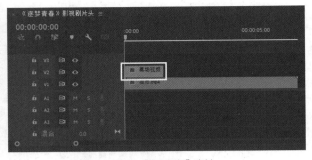

图3-7　添加"黑场视频"素材

(4)在"时间轴"面板中将时间指示器移至00:00:00:02处,选择"黑场视频"素材,然后选择"窗口"/"效果控件"命令,打开"效果控件"面板。单击不透明度属性左侧的"切换动画"按钮,使其变为状态,开启关键帧,此时在对应时间点处将添加关键帧,如图3-8所示。

(5)将时间指示器移至00:00:01:10处,单击不透明度属性右侧的参数,使其呈可编辑状态,输入"0"后,按【Enter】键确认,将自动添加不透明度为"0.0%"的关键帧,如图3-9所示,黑场视频的过渡效果如图3-10所示。

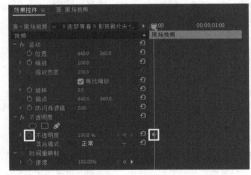

图3-8　开启并添加不透明度属性的关键帧

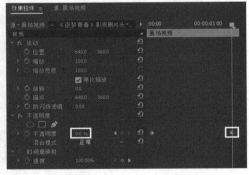

图3-9　为"黑场视频"添加关键帧

图3-10　黑场视频的过渡效果

(6)将时间指示器移至00:00:05:17处,拖曳"车流.mp4"素材至V2轨道,并使其入点与时间指示器对齐,然后在其上单击鼠标右键,在弹出的快捷菜单中选择"取消链接"命令,分离音频和视频,再选中音频并按【Delete】键删除。

(7)双击"人物.mp4"素材,在"源"面板中显示该素材,设置入点和出点分别为"00:00:29:16""00:00:45:15"。将时间指示器移至00:00:21:13处,拖曳"人物.mp4"素材至V1轨道,并使其入点与时间指示器对齐,如图3-11所示。

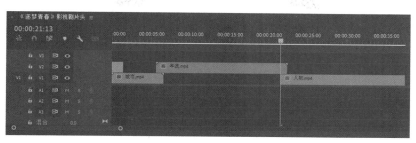

图3-11　添加"人物.mp4"视频

（8）将时间指示器移至00:00:05:17处，选择"车流.mp4"素材，在"效果控件"面板中单击不透明度属性左侧的"切换动画"按钮◙，开启并添加关键帧，设置"不透明度"为"0.0%"，再将时间指示器移至00:00:06:16处，设置"不透明度"为"100.0%"，如图3-12所示。

（9）将时间指示器移至00:00:05:17处，单击缩放属性左侧的"切换动画"按钮◙，开启并添加关键帧，再将时间指示器移至00:00:07:00处，设置"缩放"为"130.0"，如图3-13所示，"车流.mp4"视频的过渡效果如图3-14所示。

（10）将时间指示器移至00:00:21:13处，单击不透明度属性右侧◂◇▸按钮组中的"添加/移除关键帧"按钮▣，添加关键帧；再将时间指示器移至00:00:22:12处，设置"不透明度"为"0.0%"，使视频画面变为透明，以显示出V1轨道中的视频画面，"人物.mp4"视频的过渡效果如图3-15所示。

 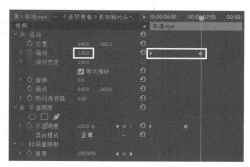

图3-12　为"车流.mp4"视频添加不透明度属性的关键帧　　图3-13　为"车流.mp4"视频添加缩放属性的关键帧

图3-14　"车流.mp4"视频的过渡效果

图3-15　"人物.mp4"视频的过渡效果

微课视频

为文本制作动画

2. 为文本制作动画

米拉准备先调整好文本的显示时间和位置，再结合不透明度、位置和缩放属性的关键帧为其制作动画，具体操作如下。

（1）将时间指示器移至00:00:06:16处，拖曳"名单1.png"素材至"时间轴"面板的V3轨道，使其入点与时间指示器对齐。使用相同的方法分别拖曳其余文本素材至"时间轴"面板，并分别调整各素材入点为"00:00:12:16""00:00:18:16""00:00:24:16""00:00:32:13"，如图3-16所示。

图3-16　添加文本素材并调整入点

（2）在"时间轴"面板中选择"名单1.png"素材，在"效果控件"面板中设置"位置"为"260.0,620.0"，"缩放"为"120.0"，使文本以合适的位置和大小显示在视频画面左下角，如图3-17所示。

图3-17　调整"名单1.png"素材的位置和大小

（3）将时间指示器移至00:00:08:00处，开启位置属性的关键帧，然后将时间指示器移至00:00:06:16处，设置"位置"为"260.0,750.0"，使文本在视频画面外从下至上移动到画面中，如图3-18所示。

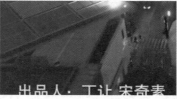

图3-18　"名单1.png"素材的移动效果

（4）使用与步骤（2）相同的方法，分别在00:00:07:16和00:00:10:16处添加不透明度为"100.0%"的关键帧，在00:00:06:16和00:00:11:15处添加不透明度为"0.0%"的关键帧，如图3-19所示，为"名单1.png"素材制作逐渐显示又逐渐消失的动画，效果如图3-20所示。

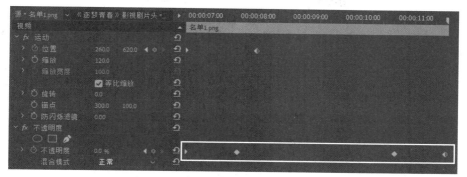

图3-19 为"名单1.png"素材添加不透明度属性的关键帧

图3-20 "名单1.png"素材的动画效果

（5）在"时间轴"面板中选择"名单2.png"素材，设置"缩放"为"120.0"，然后适当调整位置参数，使其位于视频画面右侧的区域中。再分别在00:00:12:16和00:00:14:00处添加位置属性的关键帧，制作文本在画面中从右至左移动的动画效果。

（6）选择"名单1.png"素材，在"效果控件"面板中单击不透明度属性的名称，以选中该属性的所有关键帧，按【Ctrl+C】组合键复制。

（7）将时间指示器移至00:00:12:16处，选择"名单2.png"素材，在"效果控件"面板中单击不透明度属性的名称，按【Ctrl+V】组合键粘贴关键帧，如图3-21所示，"名单2.png"素材的动画效果如图3-22所示。

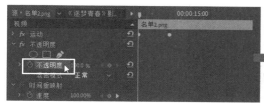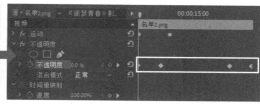

图3-21 粘贴复制的关键帧

图3-22 "名单2.png"素材的动画效果

（8）使用与步骤（5）~（7）相同的方法，调整"名单3.png""名单4.png"素材的大小和位置，并利用位置和不透明度属性的关键帧分别制作动画，效果如图3-23所示。

图3-23　"名单3.png""名单4.png"素材的动画效果

（9）在"时间轴"面板中选择"逐梦青春.png"素材，将时间指示器移至该素材的入点处，在"效果控件"面板中设置"位置"为"760.0,360.0"，"缩放"为"50.0"，然后开启缩放属性的关键帧，并在00:00:34:00处设置"缩放"为"100.0"，为素材制作放大动画。

（10）分别在00:00:32:13和00:00:34:00处添加不透明度为"0.0%"和"100.0%"的关键帧，使素材逐渐显示，动画效果如图3-24所示。

图3-24　"逐梦青春.png"素材的动画效果

3.　为装饰元素制作动画

为了突出影视剧名称文本，米拉打算在其上方添加装饰元素——星光，并结合不透明度和旋转属性制作逐渐显示并旋转的动画，具体操作如下。

微课视频

为装饰元素制作动画

（1）拖曳"星光.png"素材至"时间轴"面板的V2轨道，并使其入点与"逐梦青春.png"素材对齐，在"效果控件"面板中调整位置，使其位于"逐"字的左上角，再设置"缩放"为"150.0"。

（2）在"时间轴"面板左侧的轨道区域中单击鼠标右键，在弹出的快捷菜单中选择"添加轨道"命令，打开"添加轨道"对话框，设置视频轨道添加为"1"、音频轨道添加"0"，单击 确定 按钮，如图3-25所示。

（3）在"时间轴"面板中选择"星光.png"素材，按住【Alt】键的同时，按住鼠标左键不放并向上拖曳至V4轨道，使其入点和出点不变，然后释放鼠标，以复制该素材。再在"效果控件"面板中调整位置，使其位于"春"字的左下角，如图3-26所示。

图3-25　添加轨道

图3-26　复制并调整素材位置

（4）选择V2轨道中的"星光.png"素材，将时间指示器移至00:00:35:00处，开启缩放和不透明度属性的关键帧，然后将时间指示器移至00:00:34:00处，分别设置"缩放"和"不透明度"为

"100.0""0.0%"，并开启旋转属性的关键帧，再将时间指示器移至00:00:37:12处，设置
"旋转"为"270.0°"。

（5）在"效果控件"面板中，按住鼠标左键不放并拖曳鼠标，框选所有关键帧，按【Ctrl+C】组合键
复制关键帧，然后将时间指示器移至00:00:34:00处，选择V4轨道中的"星光.png"素材，按住
【Ctrl】键不放，依次单击缩放、旋转和不透明度属性的名称，如图3-27所示，按【Ctrl+V】组
合键粘贴关键帧，如图3-28所示。

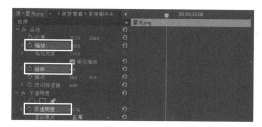
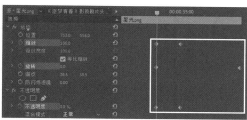

图3-27　选择多个属性名称　　　　　　　　图3-28　粘贴多个属性关键帧

（6）两个"星光.png"素材的动画效果如图3-29所示，将"背景音乐.mp3"素材拖曳至A2轨道的
00:00:00:00处，并使其出点与最后一段视频的出点一致，最后按【Ctrl+S】组合键保存文件。

图3-29　两个"星光.png"素材的动画效果

设计素养

运用关键帧能够创造出生动、有趣的动画效果，这要求设计师具有较好的创新思维。创新思维可以帮助设计师打破传统框架和思维定式，挖掘出新创意，为观众呈现出全新的视觉体验。除此之外，创新思维还能帮助设计师不断提升自己的设计水平，跟上行业的发展趋势。

课堂练习

制作《逐梦青春》影视剧片尾

效果预览

导入提供的素材，先新建一个黑场视频作为背景，然后添加视频素材和文本素材，适当调整缩放和位置属性，并利用不透明度属性的关键帧使视频逐渐显示，再结合不透明度和位置属性的关键帧，让文本从下至上移动展示，并在结束时逐渐消失。本练习的参考效果如图3-30所示。

图3-30　《逐梦青春》影视剧片尾参考效果

素材位置： 素材\项目3\影视剧片尾\城市.mp4、名单.png
效果位置： 效果\项目3\《逐梦青春》影视剧片尾.prproj

任务3.2 制作《喜迎国庆》晚会背景动画

米拉通过制作《逐梦青春》片头，对制作关键帧动画有了一定的把握，老洪便交给她更为复杂的《喜迎国庆》晚会背景动画制作任务，希望她在动画的创新性和流畅度方面继续提升技术水平。

任务描述

任务背景	临近国庆，某市电视台准备策划一场以"喜迎国庆"为主题的晚会，通过歌曲、舞蹈、戏曲等形式，激发观众的爱国情感，需要设计师为该晚会设计一个开场的背景动画
任务目标	① 制作分辨率为1920像素×1080像素、时长为5秒左右的背景动画
	② 在背景中添加与国庆相关的元素，画面整体以红色为主色，营造热烈的氛围
	③ 为背景中各个元素的出现设计动画，效果自然、流畅
知识要点	开启并添加关键帧、复制与粘贴关键帧、调整关键帧插值、嵌套序列

本任务的参考效果如图3-31所示。

图3-31 《喜迎国庆》晚会背景动画参考效果

素材位置： 素材\项目3\《喜迎国庆》晚会背景素材\《喜迎国庆》晚会背景.psd
效果位置： 效果\项目3\《喜迎国庆》晚会背景动画.prproj

知识准备

米拉一开始在使用关键帧制作《喜迎国庆》晚会背景的动画时，觉得动画效果不太理想，于是便请教老洪如何优化动画效果。老洪告诉她，在Premiere中可以通过更改和调整关键帧插值，精确控制动画效果中速度的变化状态，在制作一些较为复杂的动画时，能够有效地对其进行优化。

1. 关键帧插值

Premiere 中的关键帧插值主要可分为临时插值和空间插值两种类型。

- **临时插值：** 临时插值（也称时间插值）用于控制关键帧在时间线上的变化状态，如匀速运动和变速运动。在"效果控件"面板"运动"栏的"位置"属性选项中选择一个关键帧，单击鼠标右键，在弹出的快捷菜单中选择"临时插值"命令，其子菜单中包含了7种插值方法，默认为"线性"类型。
- **空间插值：** 空间插值用于控制关键帧在空间中位置的变化，如直线运动和曲线运动。在"效果控件"面板"运动"栏的"位置"属性选项中选择一个关键帧，单击鼠标右键，在弹出的快捷菜单中选择"空间插值"命令，其子菜单中包含了4种插值方法，默认为"自动贝塞尔曲线"。

2. 常见的插值方法

常见的插值方法有以下7种，设计师可根据动画效果的具体需求进行选择。

（1）线性

线性可以在关键帧之间创建统一的变化率，尽可能直接在两个相邻的关键帧之间插入值，而不考虑其他关键帧的值。在"效果控件"面板右侧的时间轴视图中可看到线性插值的图表，如图3-32所示。

（2）贝塞尔曲线

贝塞尔曲线可操控关键帧上的控制柄，手动调整关键帧任一侧的图表或运动路径段的形状。如果将贝塞尔曲线插值应用于某个属性中的所有关键帧，Premiere 将在关键帧之间创建平滑的过渡。贝塞尔曲线插值的图表如图3-33所示。

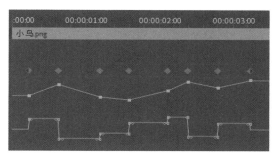

图3-32　线性插值的图表　　　　　　图3-33　贝塞尔曲线插值的图表

（3）自动贝塞尔曲线

自动贝塞尔曲线可以自动创建平滑的变化速率。当更改自动贝塞尔曲线关键帧的值时，将自动调整关键帧任一侧的图表或运动路径段的形状，以实现关键帧之间的平滑过渡。

（4）连续贝塞尔曲线

连续贝塞尔曲线可以通过关键帧创建平滑的变化速率，还可以手动设置连续贝塞尔曲线的控制柄位置，以更改关键帧任一侧的图表或运动路径段的形状。连续贝塞尔曲线插值的图表如图3-34所示。

（5）定格

定格可以更改属性值，并且不产生渐变的过渡效果，即当动画播放到该帧时，将保持前一个关键帧画面的效果。定格插值的图表如图3-35所示。

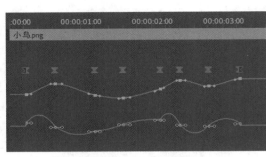

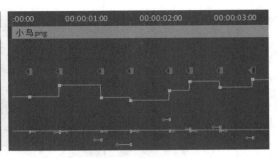

图3-34　连续贝塞尔曲线插值的图表　　　　　　　　　图3-35　定格插值的图表

（6）缓入

缓入可以逐渐减慢进入下一个关键帧的值变化。

（7）缓出

缓出可以逐渐加快离开上一个关键帧的值变化。

为什么关键帧图标的形状不一样？

疑难解析

通过关键帧图标的外观可以简单判断其对应的插值方法，如 ◆ 图标代表线性插值、 ▣ 图标代表连续贝塞尔曲线插值、贝塞尔曲线插值、缓入插值或缓出插值， ◉ 图标代表自动贝塞尔曲线插值， ◀ 图标代表定格插值。

⚒ 任务实施

1. 制作关键帧动画

米拉先将收集好的素材布局在视频画面中，接着便开始为其中的各个元素制作关键帧动画，具体操作如下。

微课视频

制作关键帧动画

（1）新建名称为"《喜迎国庆》晚会背景动画"的项目文件，然后导入"《喜迎国庆》晚会背景.psd"素材，并在"导入分层文件"对话框中设置"导入为"为"序列"，再单击 确定 按钮。

（2）在"项目"面板中展开"《喜迎国庆》晚会背景"文件夹，将其中的序列拖曳至文件夹外，并修改"名称"为"《喜迎国庆》晚会背景动画"，然后双击打开该序列。

（3）在"时间轴"面板中选择"建筑/《喜迎国庆》晚会背景.psd"素材，将时间指示器移至00:00:01:00处，在"效果控件"面板中开启并添加位置和不透明度属性的关键帧，参数设置保持默认。然后将时间指示器移至00:00:00:00处，设置"位置"为"960.0,750.0"，"不透明度"为"0.0%"，"建筑/《喜迎国庆》晚会背景.psd"素材的动画效果如图3-36所示。

图3-36　"建筑/《喜迎国庆》晚会背景.psd"素材的动画效果

（4）选择"喜迎国庆/《喜迎国庆》晚会背景.psd"素材，将时间指示器移至00:00:03:00处，开启并添加缩放和不透明度属性的关键帧，然后将时间指示器移至00:00:01:00处，设置"缩放"为"40.0"，"不透明度"为"0.0%"，"喜迎国庆/《喜迎国庆》晚会背景.psd"素材的动画效果如图3-37所示。

图3-37 "喜迎国庆/《喜迎国庆》晚会背景.psd"素材的动画效果

（5）将时间指示器移至00:00:04:00处，分别为6个"星形"素材开启并添加位置属性的关键帧，然后再将时间指示器移至00:00:02:00处，分别调整6个"星形"素材的位置，参考位置如图3-38所示，制作从内往外发散的动画效果。

图3-38 调整多个星形的位置

（6）使用与步骤（4）相同的方法，分别为6个"星形"素材在00:00:02:00和00:00:03:00处添加"不透明度"为"0%"和"100%"的关键帧。

（7）选择所有"星形"素材，单击鼠标右键，在弹出的快捷菜单中选择"嵌套"命令。打开"嵌套序列名称"对话框，设置"名称"为"星形"，然后单击 确定 按钮，完成嵌套序列的操作，如图3-39所示。

图3-39 嵌套序列

（8）在"时间轴"面板左侧单击鼠标右键，在弹出的快捷菜单中选择"删除轨道"命令。打开"删除轨道"对话框，选中"删除视频轨道"复选框，并在其下方的下拉列表中选择"所有空轨道"选项，然后单击 确定 按钮，以删除多余的轨道，如图3-40所示。

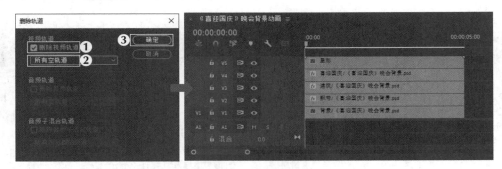

图3-40　删除所有空轨道

（9）将"星形"嵌套序列先拖曳至V3轨道的素材右侧，然后依次将"喜迎国庆/《喜迎国庆》晚会背景.psd"素材和"建筑/《喜迎国庆》晚会背景.psd"素材拖曳至V5和V4轨道，保持入点时间不变，再将"星形"嵌套序列向左拖曳，使其入点与序列起始处对齐，并使该序列位于"建筑/《喜迎国庆》晚会背景.psd"素材的下方。星形的动画效果如图3-41所示。

图3-41　星形的动画效果

2. 调整关键帧插值

米拉制作好关键帧动画后，准备根据老洪的建议，通过调整关键帧插值来优化动画效果，具体操作如下。

（1）在"时间轴"面板中选择"建筑/《喜迎国庆》晚会背景.psd"素材，在"效果控件"面板中单击位置属性左侧的 ▶ 按钮，展开该属性，在右侧的时间轴视图中可查看图表，如图3-42所示。

图3-42　查看图表

（2）为了便于调整图表，将鼠标指针移至"效果控件"面板下方的分割线上，当鼠标指针变为 ⬆ 形状时，按住鼠标左键不放并向下拖曳，增大显示区域。

（3）在位置属性的第二个关键帧上单击鼠标右键，在弹出的快捷菜单中选择"临时插值"/"连续贝塞尔曲线"命令，关键帧图标由■形状变为■形状。

（4）选中位置属性，图表上将出现控制柄，将鼠标指针移至控制柄上，当鼠标指针变为■形状时，按住鼠标左键不放先向下拖曳，然后再向左拖曳，如图3-43所示，使动画的变化速度先快后慢。

图3-43　调整"建筑/《喜迎国庆》晚会背景.psd"素材的临时插值

（5）选择"喜迎国庆/《喜迎国庆》晚会背景.psd"素材，在"效果控件"面板中展开缩放属性，然后设置第二个关键帧的"临时插值"为"连续贝塞尔曲线"，再使用与步骤（4）相同的方法调整临时插值，如图3-44所示。

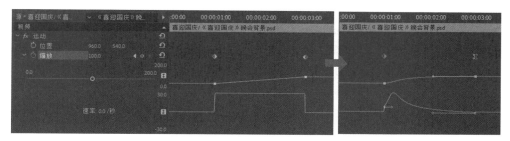

图3-44　调整"喜迎国庆/《喜迎国庆》晚会背景.psd"素材的临时插值

（6）双击"星形"嵌套序列，选择"星形1"素材，在"效果控件"面板中单击位置属性，"节目"面板中将显示空间插值，即运动的路径，如图3-45所示。

（7）在"效果控件"面板选择位置属性的所有关键帧，在任一关键帧上单击鼠标右键，在弹出的快捷菜单中选择"空间插值"/"连续贝塞尔曲线"命令，空间插值的变化如图3-46所示。

（8）将鼠标指针移至控制柄上，当鼠标指针变为■形状时，按住鼠标左键不放并拖曳，调整空间插值形状的效果如图3-47所示。

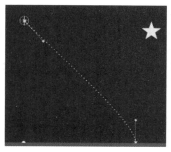

图3-45　"星形1"素材的空间插值　　　图3-46　修改空间插值　　　图3-47　调整空间插值的形状

（9）使用与步骤（7）和（8）相同的方式，先修改其他星形素材的空间插值类型，再调整空间插值的形状，部分参考效果如图3-48所示。

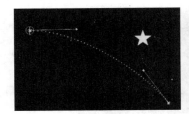 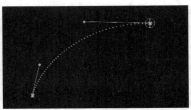 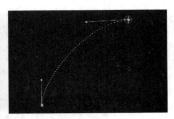

图3-48　调整其他星形的空间插值

（10）预览最终效果，如图3-49所示，最后按【Ctrl+S】组合键保存文件。

图3-49　《喜迎国庆》晚会背景动画最终效果

制作少儿表演活动背景动画

课堂练习

导入提供的PSD格式的素材，先调整序列的时间，然后利用位置属性的关键帧分别为云层、云朵和热气球制作移动动画，再通过临时插值和空间插值优化动画效果，完成少儿表演活动背景动画的制作。本练习的参考效果如图3-50所示。

效果预览

图3-50　少儿表演活动背景参考效果

素材位置： 素材\项目3\少儿表演活动背景.psd
效果位置： 效果\项目3\少儿表演活动背景动画.prproj

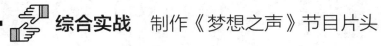

综合实战　制作《梦想之声》节目片头

　　《喜迎国庆》晚会的负责人对米拉制作的背景动画感到很满意，恰逢电视台的新一季节目《梦想之声》即将开播，便联系老洪将该节目的片头制作任务交给米拉，希望她能够制作出符合节目主题、且具有吸引力的节目片头。

 **实战描述**

实战背景	《梦想之声》是一档备受瞩目的音乐才艺竞技节目,以"感受音乐的魅力,见证梦想的绽放"为宣传语,通过发掘和宣扬音乐的力量,为有梦想的音乐人提供一个展现才华的舞台。新一季节目即将开播,现需设计师为该节目设计制作一个片头视频
实战目标	① 制作分辨率为1920像素×1080像素、时长为15秒的片头视频
	② 从节目类型出发,片头内容与音乐相关联,且视频画面要具有动感
	③ 在展示节目标题时,也要强调节目的宣传语,以加深观众对该节目的了解
知识要点	开启并添加关键帧、选择关键帧、复制与粘贴关键帧、调整关键帧插值、嵌套序列

本实战的参考效果如图3-51所示。

图3-51 《梦想之声》节目片头参考效果

 素材位置: 素材\项目3\《梦想之声》节目片头\背景.mp4、梦想之声.png、宣传语.png、音符\、背景音乐.mp3

效果位置: 效果\项目3\《梦想之声》节目片头.prproj

思路及步骤

在制作本案例时,设计师可以先调整好不同音符素材的位置,然后利用位置属性制作移动动画,再结合不透明度、缩放和位置属性分别为节目标题素材和宣传语素材制作渐显动画,最后利用关键帧插值优化动画效果,并添加背景音乐。本例的制作思路如图3-52所示,参考步骤如下。

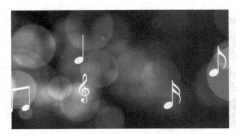

① 为多个音符制作移动动画

② 为节目标题制作渐显动画

③ 为节目宣传语制作渐显动画

④ 优化动画效果

⑤ 添加背景音乐并调整出点

图3-52 制作《梦想之声》节目片头的思路

（1）新建项目文件，导入所有素材，基于视频素材新建序列，并修改序列名称。

（2）新建多个轨道，将音符素材依次拖入轨道中，并调整出点，使其与序列时长相同。

（3）调整多个音符的最终位置，预留出节目标题和宣传语文本的空间，然后利用位置属性的关键帧分别制作移动动画，再嵌套相关图层。

（4）添加节目标题和宣传语文本，结合多种属性的关键帧分别制作渐显动画。

（5）利用关键帧插值优化音符的移动动画效果。

（6）添加背景音乐并调整出点，最后按【Ctrl+S】组合键保存文件。

微课视频

制作《梦想之声》
节目片头

课后练习 制作《朝暮新闻》节目片头

　　《朝暮新闻》是一个综合性新闻节目，旨在为观众提供全面、及时、准确的新闻报道，以及客观、公正的点评，涵盖经济、社会、文化、科技、体育等多领域内容。现需设计师为该节目制作一款片头，分辨率要求为1920像素×1080像素，时长小于15秒，在其中体现出该节目"客观、公正"的定位。设计师需

效果预览

要结合多种属性，为节目定位文本素材和标题文本素材分别制作关键帧动画，并利用关键帧插值优化动画效果，最终制作出具有节目特色和辨识度的片头，参考效果如图3-53所示。

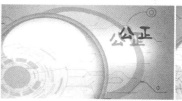

图3-53　《朝暮新闻》节目片头参考效果

素材位置： 素材\项目3\《朝暮新闻》节目片头\片头背景.mp4、朝暮新闻.png、节目定位.psd

效果位置： 效果\项目3\《朝暮新闻》节目片头.prproj

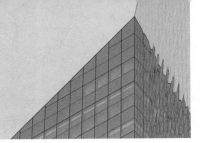

项目4
应用视频过渡效果

情景描述

　　在之前的任务中，米拉使用关键帧动画来为视频画面制作转场，而在老洪交给她的新任务中，需要制作更加丰富的转场效果，因此老洪告诉米拉："在Premiere中，可以直接使用视频过渡效果来制作不同视频的转场，从而使其流畅过渡，让视频画面更加连贯。"

　　由于Premiere中的视频过渡效果较多，因此米拉准备仔细研究不同视频过渡效果的作用，并思考如何巧妙地运用这些效果，同时与其他同事进行讨论和交流，分享彼此的工作心得和经验，一起探讨不同视频过渡效果的应用技巧。

学习目标

知识目标	● 熟悉不同视频过渡效果的作用 ● 掌握视频过渡效果的基本操作
素养目标	● 提升编辑视频时的审美意识和创新思维 ● 从历史文化艺术中获取创意灵感，拓展艺术视野

任务 4.1 制作招牌美食展示视频

老洪将制作招牌美食展示视频的任务交给米拉，米拉收到任务资料后，便开始根据美食图像的内容进行构思，思考如何制作出自然又流畅的转场效果。

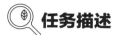 **任务描述**

任务背景	餐饮市场的竞争日益激烈，为了在众多餐厅中脱颖而出，食悦清餐馆决定在店门口循环播放招牌美食的展示视频，通过这种方式来吸引过往行人的目光，从而引起他们品尝美食的兴趣。现需设计师利用拍摄的美食素材制作展示视频
任务目标	① 制作分辨率为1280像素×720像素、时长在35秒以内的展示视频
	② 添加视频封面，在吸引过往行人视线的同时，展示出该视频主题"食悦清餐馆招牌美食"
	③ 根据美食画面的构图，应用不同的视频过渡效果，制作出显示和消失的效果
	④ 为不同的美食添加对应的文本，使过往行人能够得知美食名称，应用视频过渡效果制作显示和消失效果
	⑤ 调整视频过渡效果，使画面重点突出、过渡速度恰当、视觉效果美观
知识要点	新建颜色遮罩、应用视频过渡效果、调整视频过渡效果、3D运动视频过渡效果组、内滑视频过渡效果组、划像视频过渡效果组

本任务的参考效果如图4-1所示。

图4-1 招牌美食展示视频参考效果

 素材位置： 素材\项目4\招牌美食\美食\、美食文本.psd、封面.jpg
效果位置： 效果\项目4\招牌美食展示视频.prproj

知识准备

为了使视频产生更好的视觉效果，米拉先分析了各个美食素材的构图，确定好展示顺序并熟悉过渡效果的基本操作后，再为素材选择过渡效果。

1. 认识视频过渡效果

在Premiere中，视频常由若干个镜头序列组合而成，每个镜头序列都具有相对独立和完整的内容，为了保证镜头中视频节奏和叙事的流畅性，可以在不同的镜头序列之间制作转场，即过渡效果。

简单来说，视频过渡效果就是将一个场景自然地转换到另一个场景的技术手段，需要根据视频的主题、氛围以及需要表达的情感等合理选用，不仅可以丰富画面，提升视频的整体水平，还可以产生独特的视觉效果，提升观众的观看体验。图4-2为应用视频过渡效果的视频画面。

图4-2　应用视频过渡效果的视频画面

景别与镜头组接

知识补充

在应用视频过渡效果时，要注意不同景别所产生的视觉效果，镜头的组接也需要符合逻辑，不能让观众觉得突兀。景别与镜头组接的相关知识可扫描右侧的二维码，查看详细内容。

知识补充

景别与镜头组接

2. 视频过渡效果的基本操作

Premiere的视频过渡效果都存放在"效果"面板的"视频过渡"文件夹中，展开该文件夹，可看到其中共有8个过渡效果组。在编辑视频之前，设计师需要先掌握过渡效果的基本操作，才能更有效地进行应用。

（1）应用视频过渡效果

将需要应用的过渡效果拖曳至"时间轴"面板中前一个素材的出点处或后一个素材的入点处（也可以是两个相邻素材之间），便可为素材应用视频过渡效果，如图4-3所示。

图4-3　应用视频过渡效果

应用过渡效果时为什么会提示"媒体不足。此过渡将包含重复的帧。"？

疑难解析

在两个视频素材之间应用过渡效果时，若弹出"媒体不足。此过渡将包含重复的帧。"的提示框，则表示有的视频素材长度不足以支持所选过渡效果的时间要求（过渡时间通常为1秒，两个视频素材各占一半），此时若单击提示框中的 确定 按钮，则Premiere会通过重复结束帧或开始帧的方式来完成过渡。

若需要大量应用相同的视频过渡效果，可以先在"效果"面板中选择过渡效果，单击鼠标右键，在弹出的快捷菜单中选择"将所选过渡设置为默认过渡"命令，然后在"时间轴"面板中选择素材，再按【Ctrl+D】组合键，所选素材的开头和结尾都将快速应用默认的过渡效果。

（2）预览视频过渡效果

为视频应用过渡效果后，可在"效果控件"面板中预览视频过渡效果，具体操作方法：在"效果控件"面板左上角单击"播放过渡"按钮▶，在该按钮下方的预览框中进行预览。另外，也可以通过拖曳"开始""结束"栏下方的滑块，在"开始""结束"栏下方的预览框（场景A、场景B分别代表过渡前后的素材）中预览效果，如图4-4所示。若要预览真实视频画面的过渡效果，可选中"显示实际源"复选框，如图4-5所示。

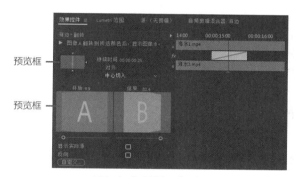
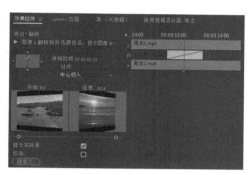

图4-4　拖曳滑块预览视频过渡效果　　　　图4-5　预览真实视频画面的过渡效果

（3）调整视频过渡效果的持续时间

根据视频的制作需要，设计师可通过以下3种方法来增加或缩短视频过渡效果的持续时间。

- **通过"时间轴"面板：** 在"时间轴"面板中选择需要调整的过渡效果，将鼠标指针移至过渡效果左侧，当鼠标指针变为▣形状时，按住鼠标左键不放并向左拖曳可增加过渡时间，向右拖曳可缩短过渡时间；将鼠标指针移至过渡效果右侧，当鼠标指针变为▣形状时，按住鼠标左键不放并向左拖曳可缩短过渡时间，向右拖曳可增加过渡时间。图4-6所示为增加过渡时间的前后对比效果。

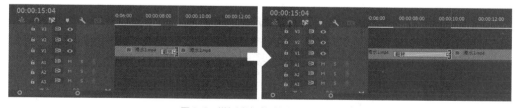

图4-6　增加过渡时间的前后对比效果

- **通过"效果控件"面板：** 在"时间轴"面板中选择需要调整的过渡效果，在"效果控件"面板的"持续时间"数值框中直接输入过渡效果的时长，然后按【Enter】键确认。
- **通过"设置过渡持续时间"对话框：** 双击过渡效果，或选中效果后单击鼠标右键，在弹出的快捷菜单中选择"设置过渡持续时间"命令，打开"设置过渡持续时间"对话框，在对话框中可输入具体的时间进行调整。

（4）调整视频过渡效果的对齐方式

默认情况下，Premiere的视频过渡效果以居中于素材切点（两个素材的分割点）的方式对齐，即中心切入，此时过渡效果在前一个素材中显示的时间与在后一个素材中显示的时间相同。如果需要调整过渡效果在前、后素材中显示的时间，则可以设置其对齐方式。具体操作方法：选择需要调整的过渡效果，在"效果控件"面板的"对齐"下拉列表中选择"起点切入"选项，过渡效果将位于后一个素材的开头，如图4-7所示；若选择"终点切入"选项，则过渡效果将在前一个素材的末尾处结束，若在"时间轴"面板中手动调整其持续时间，则该选项将自动变为"自定义起点"。

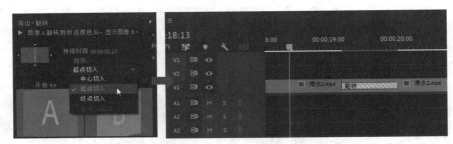

图4-7　调整视频过渡效果的对齐方式为"起点切入"

设计师还可以在"时间轴"面板中拖曳过渡效果来调整视频过渡效果的对齐方式，具体操作方法：选中过渡效果后，按住鼠标左键不放向左或向右拖曳，释放鼠标完成调整。

（5）替换和删除视频过渡效果

在应用视频过渡效果后，如果发现应用的过渡效果不符合预期，则可对其进行替换和删除操作。

- **替换视频过渡效果：** 在"效果"面板的"视频过渡"文件夹中选择需要替换为的过渡效果，将其拖动到"时间轴"面板中需要替换的过渡效果上，可使用新的过渡效果替换原来的过渡效果。
- **删除视频过渡效果：** 选中需要删除的视频过渡效果，按【Delete】键删除，或单击鼠标右键，在弹出的快捷菜单中选择"清除"命令。

（6）反向设置视频过渡效果

默认情况下，视频过渡效果是从场景A过渡到场景B，即从前一个场景过渡到后一个场景。若需要从后一个场景过渡到前一个场景，则可在"效果控件"面板下方选中"反向"复选框。

强化过渡效果

知识补充

若需要过渡的两个视频的画面、色彩等属性较为相似，导致过渡效果不太明显，设计师可在"时间轴"面板中选择该过渡效果，在"效果控件"面板中设置过渡效果的边框宽度和边框颜色参数，以突出显示过渡效果。

---

3. 3D运动视频过渡效果组

3D运动视频过渡效果组可以通过模拟三维空间来营造出场景的层次感，实现3D效果。

- **立方体旋转：** 该效果模拟旋转的立方体使场景A过渡到场景B，效果如图4-8所示。

图4-8　"立方体"过渡效果

- **翻转：** 该效果沿垂直轴翻转场景A，逐渐显示场景B。应用该效果时，在"效果控件"面板中单击 **自定义** 按钮，可在打开的"翻转设置"对话框中设置带（翻转数量）和填充颜色。

4. 内滑视频过渡效果组

内滑视频过渡效果组主要以滑动的形式来切换场景。

- **中心拆分：** 该效果将场景A分为4个部分，并使每个部分滑动到角落以显示场景B，效果如图4-9所示。

图4-9　"中心拆分"过渡效果

- **内滑：** 该效果使场景B滑动到场景A的上面。
- **带状内滑：** 该效果使场景B在水平、垂直、对角线方向上以条形滑入，逐渐覆盖场景A。应用该效果时，在"效果控件"面板中单击 **自定义** 按钮，可在打开的"带状内滑设置"对话框中设置带数量。
- **急摇：** 该效果使场景B将场景A快速向右推出画面，并产生运动的模糊效果。
- **拆分：** 该效果使场景A拆分并滑动到两边，以显示出场景B。
- **推：** 该效果使场景B将场景A从画面的左侧推到另一侧。

5. 划像视频过渡效果组

划像视频过渡效果组可使场景B在场景A中逐渐伸展，最后完全覆盖场景A。

- **交叉划像：** 该效果使场景A以十字形从中心消退，直到完全显示场景B。
- **圆划像：** 该效果使场景B以圆形在场景A中展开。
- **盒形划像：** 该效果使场景B以矩形在场景A中展开。
- **菱形划像：** 该效果使场景B以菱形在场景A中展开，效果如图4-10所示。

图4-10　"菱形划像"过渡效果

🛠 任务实施

1. 为封面和美食图像应用视频过渡效果

米拉准备先为美食封面素材应用视频过渡效果，使其流畅地过渡到美食图像中，然后再根据美食图像的构图，应用不同的视频过渡效果进行转场，具体操作如下。

（1）新建名称为"招牌美食展示视频"的项目文件，然后导入所有素材，其中

PSD格式的文件以"各个图层"形式进行导入。

（2）在"项目"面板中单击"新建项"按钮，在弹出的下拉菜单中选择"颜色遮罩"命令，打开"新建颜色遮罩"对话框。单击 确定 按钮，打开"拾色器"对话框，设置"颜色"为"白色"，然后单击 确定 按钮，打开"选择名称"对话框，设置"名称"为"白色遮罩"，再单击 确定 按钮。

（3）拖曳"白色遮罩"素材至"时间轴"面板V1轨道，将自动生成与其同名的序列，然后将序列重命名为"招牌美食展示视频"。拖曳"封面.jpg"图像素材至V2轨道，并使其入点与序列起始处对齐。

（4）选择"窗口"/"效果"命令，打开"效果"面板，依次展开"视频过渡""内滑"文件夹。将鼠标指针移至"急摇"过渡效果上，按住鼠标左键不放并拖曳至"封面.jpg"图像素材的入点处，当鼠标指针变为 形状时，释放鼠标以应用该过渡效果，如图4-11所示。"封面.jpg"图像素材的过渡效果如图4-12所示。

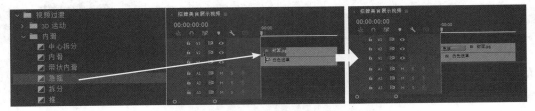

图4-11 为"封面.jpg"图像应用"急摇"过渡效果

图4-12 "封面.jpg"图像素材的过渡效果

（5）设置"封面.jpg"图像素材和"白色遮罩"素材的出点分别为"00:00:03:00""00:00:33:00"，然后按照图4-13所示的顺序，依次将"项目"面板中的美食图像拖曳至"时间轴"面板的V2轨道中，并保持每个图像素材的时长均为5秒。

图4-13 拖曳美食图像到"时间轴"面板中

（6）在"效果"面板中选择"拆分"过渡效果，将其拖曳至"封面.jpg"和"红烧肉.jpg"图像素材之间，如图4-14所示。图像素材间的过渡效果如图4-15所示。

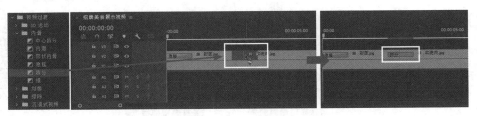

图4-14 应用"拆分"过渡效果

图4-15 "封面.jpg"和"红烧肉.jpg"图像素材的过渡效果

（7）在"效果"面板中依次展开"3D运动""划像"文件夹，依次拖曳"圆划像""圆划像""圆划像""盒形划像""盒形划像""翻转"过渡效果到后续图像素材中，如图4-16所示。部分美食图像素材过渡效果如图4-17所示。

图4-16 为其他美食图像应用过渡效果

图4-17 部分美食图像的过渡效果

2. 为文本应用视频过渡效果

米拉为封面和美食图像应用视频过渡效果后，便准备将美食图像对应的文本添加到画面中，方便过往行人了解美食，再为文本制作显示和消失的过渡效果，具体操作如下。

（1）在"项目"面板中双击打开"美食文本"文件夹，依次将其中的文本拖曳到V3轨道中，并使其与美食图像相对应，然后在"效果控件"面板中设置文本的"缩放"为"120.0"，再根据画面调整文本的位置，部分效果如图4-18所示。

图4-18 添加并调整文本

（2）由于切换美食图像的画面时，文本的存在较为突兀，因此可分别调整文本的入点和出点，使其与美食图像中过渡效果的出点和入点对齐，如图4-19所示。

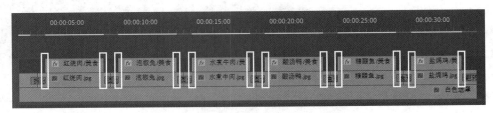

图4-19　调整文本的入点和出点

（3）在"效果"面板中选择"急摇"过渡效果，将其拖曳至"红烧肉"文本的入点处，该文本的显示效果如图4-20所示。

图4-20　"红烧肉"文本的显示效果

（4）将"内滑"过渡效果拖曳至"红烧肉"文本的出点处，文本的消失效果如图4-21所示。

图4-21　"红烧肉"文本的消失效果

（5）分别拖曳"急摇""内滑"过渡效果到其他文本的入点和出点处，如图4-22所示，部分文本的显示和消失效果如图4-23所示。

图4-22　为其他文本应用过渡效果

图4-23　部分文本的显示和消失效果

3. 调整视频过渡效果

米拉预览了整个视频，觉得部分美食图像的过渡速度较快，"水煮牛肉.jpg"和"酸汤鸭.jpg"图像在过渡时的画面重点不够突出，因此准备微调视频过渡效果，具体操作如下。

（1）在"时间轴"面板中单击选择"封面.jpg"和"红烧肉.jpg"图像素材之间的"拆分"过渡效果，在"效果控件"面板中的时间轴视图中将时间指示器移至00:00:04:00处，然后将鼠标指针移至中间矩形（即过渡效果）的右端，当鼠标指针变为 ![] 形状时，按住鼠标左键不放并向右拖曳，使其与时间指示器对齐，如图4-24所示。

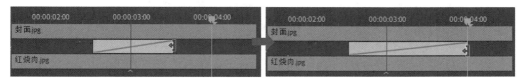

图4-24 调整"封面.jpg"和"红烧肉.jpg"图像素材之间的"拆分"过渡效果

（2）在"时间轴"面板中选择"红烧肉.jpg"和"泡椒兔.jpg"素材之间的"圆划像"过渡效果，在"效果控件"面板中设置"持续时间"为"00:00:02:00"，Premiere将自动在过渡效果的左右两侧增加相等的时间，如图4-25所示。使用相同的方法，分别调整其他美食图像之间过渡效果的"持续时间"为"00:00:02:00"。

图4-25 修改"圆划像"过渡效果的持续时间

（3）将时间指示器移至"泡椒兔.jpg"和"水煮牛肉.jpg"素材之间，即00:00:13:00处。选中"圆划像"过渡效果，在"效果控件"面板中，将鼠标指针移至场景A中的圆圈处，按住鼠标左键不放并向上拖曳，使画面中过渡的区域向上移动，如图4-26所示，调整后的画面过渡效果如图4-27所示。

图4-26 调整"泡椒兔.jpg"和"水煮牛肉.jpg"素材之间的"圆划像"过渡效果

图4-27 调整后的画面过渡效果

（4）使用与步骤（3）相同的方法调整"水煮牛肉.jpg"和"酸汤鸭.jpg"素材之间的"圆划像"过渡效果，如图4-28所示，最后按【Ctrl+S】组合键保存文件。

图4-28 调整"水煮牛肉.jpg"和"酸汤鸭.jpg"素材之间的过渡效果

课堂练习

制作促销商品展示视频

利用导入提供的素材来制作促销商品展示视频时，先利用颜色遮罩制作白色背景，然后分别为商品图像应用视频过渡效果，再分别为商品添加对应的名称以及价格文本，并应用相同的视频过渡效果，最后再适当优化视频过渡效果。本练习的参考效果如图4-29所示。

效果预览

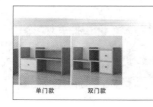

图4-29 促销商品展示视频参考效果

素材位置： 素材\项目4\促销商品\商品文本.psd、商品\
效果位置： 效果\项目4\促销商品展示视频.prproj

任务4.2 制作博物馆展品电子相册

米拉完成招牌美食展示视频的制作任务后，便开始全心投入到新任务——博物馆展品电子相册的制作中。米拉查看了相关素材，并与客户进行了沟通，确定视频画面的主要布局，便开始考虑如何为视频中的元素制作显示和消失过渡效果。

 任务描述

任务背景	电子相册是指利用多媒体软件制作的一种数字化相册，以视频作为展示媒介，可以将传统相册中的照片、视频、音频等多媒体元素整合在一起，制作出具有创意的动态转场效果，然后通过电子设备进行展示。随着科技的不断进步和智能化的发展，许多博物馆开始转向电子化展览方式，方便游客进行参观。某博物馆决定通过电子相册的形式来展示馆内的部分藏品，希望能够吸引更多游客参与到传统文化的学习和传承中

任务目标	① 制作分辨率为1920像素×1080像素、时长在50秒以内的视频
	② 视频画面需要简洁、清晰，让游客能够从中获取到藏品的相关信息
	③ 为藏品的介绍画面制作显示和消失的过渡效果，使视频画面更加生动自然
知识要点	擦除视频过渡效果组、沉浸式视频视频过渡效果组、溶解视频过渡效果组、页面剥落视频过渡效果组

本任务的参考效果如图4-30所示。

图4-30 博物馆展品电子相册参考效果

素材位置： 素材\项目4\博物馆展品\介绍文本.psd、展品\、背景.jpg

效果位置： 效果\项目4\博物馆展品电子相册.prproj

🎁 知识准备

由于新任务中的素材较多，为了能让游客拥有更好的视觉体验，米拉准备在制作之前再仔细分析Premiere中的其他视频过渡效果，以便选取更为合适的效果进行应用。

1. 擦除视频过渡效果组

擦除视频过渡效果组可通过擦除场景A的不同区域来显示场景B。

- **划出：** 该效果能使场景B从左侧开始擦除场景A。
- **双侧平推门：** 该效果能使场景A以展开和关门的形式过渡到场景B。
- **带状擦除：** 该效果能使场景B以条状的形式从水平方向进入并覆盖场景A。应用该效果时，在"效果控件"面板中单击 自定义 按钮，可在打开的"带状擦除设置"对话框中设置带数量。
- **径向擦除：** 该效果能使场景B从场景右上角开始顺时针覆盖场景A，效果如图4-31所示。

图4-31 "径向擦除"过渡效果

- **插入：** 该效果能使场景B以矩形方框的形式进入并覆盖场景A。
- **时钟式擦除：** 该效果能使场景B从画面中心沿顺时针方向擦除场景A。
- **棋盘：** 该效果能使场景A以棋盘的方式消失，逐渐显示出场景B。
- **棋盘擦除：** 该效果能使场景B以切片的棋盘方块的方式从左侧逐渐延伸到右侧，覆盖场景A。应用该效果时，在"效果控件"面板中单击 自定义... 按钮，可在打开的"棋盘擦除设置"对话框中设置水平切片和垂直切片的数量。
- **楔形擦除：** 该效果能使场景B以楔形从场景中往下过渡，逐渐覆盖场景A。
- **水波块：** 该效果能使场景B按"Z"字形交错扫过场景A。应用该效果时，在"效果控件"面板中单击 自定义... 按钮，可在打开的"水波块设置"对话框中设置水波块在水平和垂直方向的数量。
- **油漆飞溅：** 该效果能使场景B以墨点的形式逐渐覆盖场景A。
- **渐变擦除：** 该效果能使用一幅灰度图像来制作渐变切换，使场景A填满灰度图像的黑色区域，然后场景B逐渐擦过屏幕，效果如图4-32所示。应用该效果时，在"效果控件"面板中单击 自定义... 按钮，可在打开的"渐变擦除设置"对话框中选择灰度图像，以及设置柔和度。

图4-32 "渐变擦除"过渡效果

- **百叶窗：** 该效果能使场景B以逐渐加粗的色条显示。应用该效果时，在"效果控件"面板中单击 自定义... 按钮，可在打开的"百叶窗设置"对话框中设置带数量。
- **螺旋框：** 该效果能使场景B以矩形方框的形式围绕画面中心移动，就像一个螺旋的条纹。应用该效果时，在"效果控件"面板中单击 自定义... 按钮，可在打开的"螺旋框设置"对话框中设置矩形方框在水平和垂直方向上的数量。
- **随机块：** 该效果能使场景B以随机方块的形式覆盖场景A。应用该效果时，在"效果控件"面板中单击 自定义... 按钮，可在打开的"随机块设置"对话框中设置矩形方块的宽和高。
- **随机擦除：** 该效果能使场景B以随机方块的方式从上至下逐渐擦除场景A。
- **风车：** 该效果能使场景B以旋转变大的风车形状出现，并覆盖场景A。应用该效果时，在"效果控件"面板中单击 自定义... 按钮，可在打开的"风车设置"对话框中设置楔形数量。

2. 沉浸式视频视频过渡效果组

沉浸式视频视频过渡效果组主要用于VR视频，确保过渡画面不会出现失真现象。VR视频是指用专业的VR摄影功能将现场环境真实地记录下来，再通过计算机进行后期处理，所形成的可以实现三维空间展示功能的视频。

- **VR光圈擦除：** 该效果能使场景A以光圈擦除的形式显示出场景B。应用该效果时，在"效果控件"面板中可以设置目标点（光圈位置）、羽化等参数。
- **VR光线：** 该效果能使场景A逐渐变为强光线，淡化显示出场景B。应用该效果时，在"效果控件"面板中可以设置光线的各项参数。

- **VR渐变擦除：** 该效果能使场景A以渐变擦除的形式显示出场景B。应用该效果时，在"效果控件"面板中可以设置渐变的各项参数。
- **VR漏光：** 该效果能使场景A以漏光的形式逐渐显示出场景B。应用该效果时，在"效果控件"面板中可以设置漏光的各项参数。
- **VR球形模糊：** 该效果能使场景A以球形模糊的形式淡化显示出场景B。应用该效果时，在"效果控件"面板中可以设置球形模糊的各项参数。
- **VR色度泄漏：** 该效果能使场景A以色度泄漏的形式显示出场景B。应用该效果时，在"效果控件"面板中可以设置渐变的各项参数。
- **VR随机块：** 该效果能使场景A以随机方块的形式显示出场景B。应用该效果时，在"效果控件"面板中可以设置随机块的各项参数。
- **VR默比乌斯缩放：** 该效果能使场景A以默比乌斯缩放的形式显示出场景B，效果如图4-33所示。应用该效果时，在"效果控件"面板中可以设置缩放的各项参数。

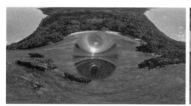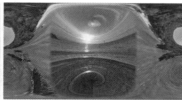

图4-33 "VR默比乌斯缩放"过渡效果

3. 溶解视频过渡效果组

溶解视频过渡效果组可以使场景A逐渐消失，场景B淡入，能很好地表现场景之间的缓慢过渡及变化。

- **MorphCut：** 该效果可以对A、B场景进行画面分析，在过渡过程中产生无缝衔接的效果，而不产生视觉上的任何跳跃。一般只用于特定的场景，如单背景的人物采访等，而对于快速运动、复杂变化的影像效果有限。
- **交叉溶解：** 该效果能使场景A淡化为场景B。
- **叠加溶解：** 该效果能使场景A以加亮模式渐隐，然后逐渐显示出场景B。
- **白场过渡：** 该效果能使场景A淡化为白色，然后淡入场景B。
- **胶片溶解：** 该效果能使场景A以类似于胶片的方式渐隐，从而显示出场景B，效果如图4-34所示。

图4-34 "胶片溶解"过渡效果

- **非叠加溶解：** 该效果能使场景B中亮度较高的区域先显示在场景A中，然后再显示出完整的场景B。
- **黑场过渡：** 该效果能使场景A以变暗的方式淡化为场景B，即将场景A变为黑色，然后淡入场景B。

4．缩放视频过渡效果组

缩放视频过渡效果组只有"交叉缩放"效果，该效果先将场景A放至最大，然后切换到最大化的场景B，再缩放场景B至合适的大小，如图4-35所示。

图4-35　"交叉缩放"过渡效果

5．页面剥落视频过渡效果组

页面剥落视频过渡效果组可以模仿翻转显示下一页的书页效果，将场景A页面翻转至场景B页面。

● **翻页：** 该效果能使场景A从左上角向右下角翻卷，从而显示出场景B，效果如图4-36所示。

图4-36　"翻页"过渡效果

● **页面剥落：** 该效果能使场景A像纸一样翻面卷起来，从而显示出场景B。

任务实施

微课视频

排版展品介绍画面

1．排版展品介绍画面

米拉先查看了客户提供的展品素材，然后在网络中搜集了背景和装饰素材，准备先排版展品介绍画面中的各个元素，具体操作如下。

（1）新建名称为"博物馆展品电子相册"的项目文件，然后导入所有素材，其中PSD格式的文件以"各个图层"形式进行导入。

（2）拖曳"背景.jpg"素材至"时间轴"面板，将自动生成与其同名的序列，然后将序列重命名为"博物馆展品电子相册"。

（3）将所有展品的图像素材拖曳至"时间轴"面板的V2轨道，并分别设置"持续时间"为"00:00:08:00"，然后调整"背景.jpg"素材的出点，使其与V2轨道的出点对齐，如图4-37所示。

图4-37　添加素材并调整持续时间和出点

（4）选择"青花百寿字罐.jpg"图像素材，在"效果控件"面板中设置"位置"为"550.0,540.0"，使其位于画面左侧，如图4-38所示；选择"神舟五号载人飞船返回舱.jpg"图像素材，设置"位置"为"1350.0,540.0"，使其位于画面右侧，如图4-39所示。

图4-38　调整"青花百寿字罐.jpg"展品位置　　　图4-39　调整"神舟五号载人飞船返回舱.jpg"展品位置

（5）使用与步骤（4）相同的方法，分别调整其他展品图像的位置，以在画面中左右交替展现。

（6）在"时间轴"面板中视频轨道的左侧区域单击鼠标右键，在弹出的快捷菜单中选择"添加单个轨道"命令，添加一个视频轨道。分别将展品名称文本素材拖曳至V3轨道，将展品描述文本素材拖曳至V4轨道，然后分别调整文本素材的入点和出点，使其与展品图像相对应。

（7）分别选择不同的文本素材，在"效果控件"面板中调整文本的位置，部分效果如图4-40所示。

图4-40　调整文本的位置

（8）同时选择有关"青花百寿字罐"的3个图层，在其上单击鼠标右键，在弹出的快捷菜单中选择"嵌套"命令，打开"嵌套序列名称"对话框，设置"名称"为"青花百寿字罐"，单击 确定 按钮。使用相同的方式，将其他展品对应的图层都嵌套为以展品名称命名的序列，如图4-41所示，便于单独应用过渡效果。

图4-41　嵌套序列

2. 为展品及文本应用视频过渡效果

米拉准备为不同的展品图像素材应用不同的视频过渡效果，而为文本应用相同的视频过渡效果，使画面更加丰富的同时，又具有一定的统一性，具体操作如下。

（1）双击打开"青花百寿字罐"嵌套序列，将"效果"面板擦除视频过渡组中的

微课视频
为展品及文本应用
视频过渡效果

"插入"效果拖曳至图像素材的入点处，将"随机擦除"效果拖曳至图像素材的出点处，然后返回"博物馆展品电子相册"序列（主序列）中查看效果，如图4-42所示。

图4-42 "青花百寿字罐"展品的展示效果

（2）再次打开"青花百寿字罐"嵌套序列，将"效果"面板中的"VR漏光"效果和"渐变擦除"效果分别拖曳至"青花百寿字罐"文本素材的入点和出点处；将"水波块"效果和"渐变擦除"效果分别拖曳至"青花百寿字罐描述"文本素材的入点和出点处，并在"渐变擦除设置"对话框中设置两个"渐变擦除"效果的"柔和度"为"10"，返回主序列中查看效果，如图4-43所示。

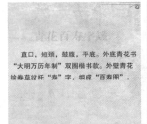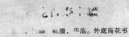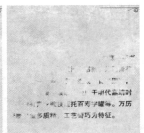

图4-43 "青花百寿字罐"文本的过渡效果

（3）打开"神舟五号载人飞船返回舱"嵌套序列，将"双侧平推门"效果和"随机块"效果分别拖曳至图像素材的入点和出点处，然后应用与步骤（2）相同的过渡效果到对应的两个文本素材中，返回主序列中查看效果，如图4-44所示。

图4-44 "神舟五号载人飞船返回舱"展品及介绍的展示效果

（4）使用与步骤（3）相同的方法，分别打开其他展品对应的嵌套序列并应用视频过渡效果，其中"狼噬牛纹金牌饰.jpg""彩绘贴金甲骑具装俑.jpg""双兽绦环.jpg""'禹'青铜鼎.jpg"图像素材的入点和出点分别应用"划出"和"楔形擦除"效果、"时钟式擦除"和"螺旋框"效果、"风车"和"随机擦除"效果、"百叶窗"和"带状擦除"效果，文本素材的过渡效果与步骤（2）设置的过渡效果相同，部分效果如图4-45所示。

图4-45　其他展品的展示效果

3. 为背景图像制作翻页效果

为了契合"相册"的概念，米拉准备利用背景图像素材制作翻页的效果，同时增强画面的立体感，具体操作如下。

（1）将时间指示器移至00:00:08:00处，使用剃刀工具 在该位置单击鼠标左键分割素材，然后拖曳"页面剥落"效果至该位置，如图4-46所示。素材翻页效果如图4-47所示。

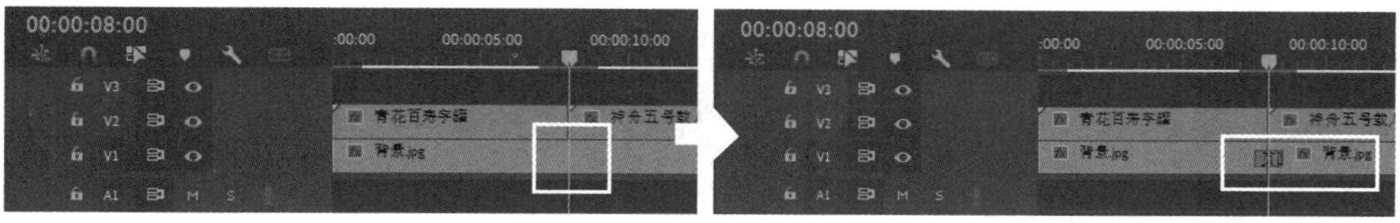

图4-46　分割素材并应用过渡效果

图4-47　翻页效果

（2）使用与步骤（1）相同的方法，继续在其他嵌套序列切换的时间点处分割背景素材，然后应用"页面剥落"效果，如图4-48所示。

图4-48　制作其他翻页效果

（3）预览最终效果，如图4-49所示，最后按【Ctrl+S】组合键保存文件。

图4-49　博物馆展品电子相册最终效果

设计素养

博物馆是存放历史文化的宝库，记录着人类不同时期的生活、艺术和科技成就等，设计师可以从馆内的展品中获取创作灵感，接受历史文化的熏陶，从而赋予视频更多的历史内涵和独特性；其次，设计师还可以深入了解不同历史时期的艺术风格，丰富自身的艺术鉴赏能力，拓宽艺术视野。

制作花卉电子相册

课堂练习

效果预览

先导入提供的素材，调整花卉图像及其对应文本的持续时间，然后通过修改位置参数来设计版面样式，并利用嵌套序列分别管理各类花卉图像和对应文本内容，最后利用不同的过渡效果为图像和文本制作显示和消失的过渡效果，完成花卉介绍电子相册的制作。本练习的参考效果如图4-50所示。

图4-50　花卉电子相册参考效果

素材位置： 素材\项目4\花卉素材\花卉文本.psd、花卉\、背景.jpg
效果位置： 效果\项目4\花卉介绍电子相册.prproj

综合实战　制作企业宣传片

通过多个视频的制作，米拉对于过渡效果的熟悉程度有所增加，相关的实践能力也有了大幅度的提升。恰逢公司的合作商迎来秋季招新，需要一则企业宣传片用于招聘人才，老洪便将制作该宣传片的任务交给米拉，并嘱咐她除了需要清晰地在视频画面中展示企业的相关信息外，还需要为宣传片的各个片段制作转场效果。

实战描述

实战背景	企业宣传片是指为宣传和推广企业而制作的视频，通常会结合视频、文本、音乐等元素，生动地展示企业的概况、服务、核心价值观和发展历程等信息，以提升企业形象和知名度，增强公众对企业的认可度和好感度。允涂科技有限公司近期准备招聘一批新员工，为了吸引更多求职者投递简历，准备委托设计师制作一部企业宣传片，展示出企业在各个方面的优势
实战目标	① 制作分辨率为1920像素×1080像素、时长在25秒以内的宣传片
	② 设计并制作一个具有动态感的片头，以吸引观看者的视线
	③ 结合提供的视频素材进行剪辑，并使不同视频素材之间过渡自然
	④ 在视频中添加展示企业优势的文案，并分别为文本素材应用较为柔和的过渡效果
知识要点	应用视频过渡效果、调整视频过渡效果、视频过渡效果组、嵌套序列

本实战的参考效果如图4-51所示。

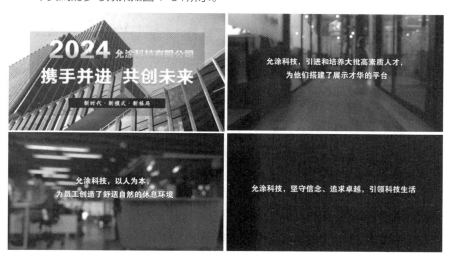

效果预览

图4-51　企业宣传片参考效果

素材位置： 素材\项目4\企业宣传素材\全景.mp4、工作.mp4、环境.mp4、研究.mp4、物流.mp4、片头.psd、文本.psd、背景音乐.mp3

效果位置： 效果\项目4\企业宣传片.prproj

思路及步骤

　　在制作本案例时，设计师可以先制作片头，并为片头中的图形和文本应用过渡效果，以展示出该企业的名称以及理念等，然后分别调整视频素材的入点和出点，接着为视频素材和文本分别应用过渡效果，依次展现出企业在不同方面的优势，再结合画面效果进行调整，最后嵌套序列并添加背景音乐。本例的制作思路如图4-52所示，参考步骤如下。

微课视频

制作企业宣传片

① 制作宣传片片头

② 制作宣传片内容

③ 调整宣传片内容的过渡效果　　　　　④ 嵌套序列并添加背景音乐

图4-52　制作企业宣传片的思路

（1）新建项目，导入所有素材，基于"片头.psd"素材新建序列，并修改序列名称。

（2）调整序列中各素材的入点和出点，并为其中的图形和文本应用过渡效果。

（3）添加多个视频素材，调整入点、出点和播放速度，再分别在视频素材之间应用过渡效果。

（4）为视频素材的画面添加对应的文本描述，并为其应用过渡效果。

（5）预览效果，根据具体情况适当调整过渡效果，再按照片头和内容分别嵌套序列。

（6）添加背景音乐并调整出点，最后按【Ctrl+S】组合键保存文件。

 课后练习　制作产品宣传片

　　茗悦青企业的高山绿茶以其独特的口感受到了消费者的广泛认可和喜爱，为进一步推广该款绿茶，企业负责人决定为其制作一部产品宣传片，展示出种植、采摘、加工等过程，以吸引更多消费者了解和购买该产品，同时树立起可信赖和优质的品牌形象。该企业提供了多个视频素材，需要设计师将其制作成一个分辨率为1920像素×1080像素、时长在20秒左右的产品宣传片。设计师需要先调整视频素材的播放顺序，然后根据视频画面来选择不同的过渡效果进行应用与调整，再在片尾处添加文本素材，并制作过渡效果，最后添加背景音乐并调整播放速度，参考效果如图4-53所示。

效果预览

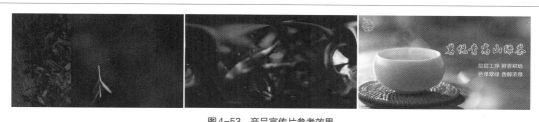

图4-53　产品宣传片参考效果

素材位置： 素材\项目4\产品宣传片素材\茶叶文本.psd、背景音乐.mp3、茶叶视频\

效果位置： 效果\项目4\产品宣传片.prproj

项目5
调整视频色彩

情景描述

　　老洪交给米拉新的视频编辑任务，并告诉她："在视频编辑中，巧妙地运用色彩可以营造出不同的氛围和情绪，帮助观众更好地理解视频内容。对每一位设计师来说，掌握色彩的运用技巧是创作优秀视频作品的重要一环。你在制作这些任务时，需要先优化视频素材的色彩，再进行后续操作，我期待你能顺利完成。"

　　米拉听到老洪的嘱咐后，便在编辑视频之前，先查阅与色彩相关的资料，加深自己对色彩的理解，以便在后续调整视频色彩时，能够更好地运用色彩。

学习目标

知识目标	● 熟悉色彩的基础知识 ● 掌握使用Lumetri面板调色的方法 ● 掌握不同调色效果组的使用方法
素养目标	● 培养对色彩的敏感度和审美能力 ● 提高个人素养，增强环保意识 ● 了解智慧农业等科技创新成果，并将创新意识运用在视频编辑中

任务5.1 制作旅游景点宣传视频

米拉查看了旅游景点宣传视频任务的视频素材，发现视频画面不太美观，不具备吸引力。米拉准备先分析不同视频画面中存在的色彩问题，再针对性地进行处理和优化。

 任务描述

任务背景	某旅行社计划推出一条九寨沟旅行路线，为了向更多消费者展示九寨沟的美丽与魅力，该旅行社决定制作一则宣传视频，通过展示九寨沟各个景点壮丽的自然风光，激发消费者对九寨沟旅行的兴趣。由于天气原因，旅行社拍摄的部分视频素材存在曝光不足、低饱和度等问题，因此需要先调整视频色彩
任务目标	① 制作分辨率为1920像素×1080像素、时长为1分钟左右的宣传视频
	② 针对视频画面中的问题，调整各种参数来调整亮度、色彩、对比度，使画面明亮、色彩鲜艳、层次分明
	③ 利用视频过渡效果为视频素材制作转场效果，使其在切换时更加自然
知识要点	"Lumetri颜色"面板、应用并调整过渡效果

本任务的参考效果如图5-1所示。

效果预览

图5-1 旅游景点宣传视频参考效果

素材位置： 素材\项目5\旅游景点素材\航拍1.mp4、航拍2.mp4、诺日朗瀑布.mp4、五彩池.mp4、五花海.mp4、长海.mp4、珍珠滩瀑布.mp4、背景音乐.mp3
效果位置： 效果\项目5\旅游景点宣传视频.prproj

知识准备

由于米拉缺乏对色彩理论的系统研究，她准备先熟悉色彩的基础知识，再巩固Premiere中"Lumetri范围"和"Lumetri颜色"面板的相关知识。

1. 色彩的基本属性

色彩是不同波长的光刺激人眼所引起的视觉反应，是人的眼睛和大脑对外界事物的感受结果。自然

界中，绝大部分可见光谱都可以用红、绿、蓝3种光按照不同比例和强度的混合来表示，因此混合红色、绿色、蓝色这3种颜色可以制作出更加丰富的色彩。

色彩是突出视频风格、传达情感与思想的主要途径之一。人眼所能感知的所有色彩都具有色相、明度和纯度（又称饱和度）3种属性，它们也是构成色彩的基本要素。

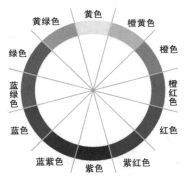

图5-2　十二色相环

● **色相：** 色相是指色彩呈现出来的面貌，可简单理解为某种颜色的称谓，如红色、黄色、绿色、蓝色等色彩都分别代表一类色彩具体的色相。色相是色彩的首要特征，也是用来区别不同色彩的标准，图5-2所示的十二色相环中即包含了12种基本色相。

知识补充

冷暖色和中性色

不同的色相往往会给人传递不同的色彩感受，设计师在为视频调色时，可以根据视频传达的情感氛围选择色彩。根据人们对色彩的主观感受，可以将色彩分为暖色、冷色和中性色3种类型。红色、橙红色、橙色、橙黄色等暖色，容易让人联想到太阳、火焰、血液，产生温暖、热烈、危险等感觉；蓝色、绿色等冷色，则很容易让人联想到太空、冰雪、海洋，产生寒冷、理智、平静等感觉；而黑色、白色、灰色等中性色（又称无彩色）没有明显的冷暖倾向。

● **明度：** 明度是指色彩的明亮程度。通俗地讲，在色彩里添加的白色越多，色彩越明亮，明度越高；添加的黑色越多，色彩越暗，明度越低。因此白色为明度最高的色彩，黑色为明度最低的色彩。图5-3所示为不同明度的区别。

图5-3　不同明度的区别

● **纯度：** 纯度（后文统称为饱和度）是指色彩的纯净或者鲜艳程度，饱和度越高，代表色彩越鲜艳，视觉冲击力越强。饱和度的高低取决于该色中含色成分和消色成分（灰色）的比例，含色成分越多，饱和度越高；消色成分越多，饱和度越低。图5-4所示为不同纯度的区别，其色彩的饱和度从左至右逐渐变高。

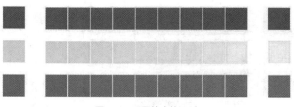

图5-4　不同纯度的区别

2. "Lumetri范围" 面板

"Lumetri范围"面板中包含了矢量示波器、直方图、分量和波形等波形显示图示工具（简称"波形图"），以图形的形式直观地展示色彩信息，真实地反映视频画面中的明暗关系和色彩关系。通过这些图示工具，设计师可以客观、高效地进行调色工作。

Premiere可提供图形表示的色彩信息，模拟广播使用的视频波形，这些视频波形输出的图形可表示视频信号的色度（颜色和强度）与亮度（亮度值）。若需要查看素材的波形图，则可选择"窗口"/"Lumetri范围"命令，或直接在"颜色"工作模式中单击"Lumetri范围"选项卡，在"Lumetri范围"面板中单击鼠标右键，在弹出的快捷菜单中选择查看不同波形图的命令。图5-5所示为"Lumetri范围"面板中显示的所有波形图。

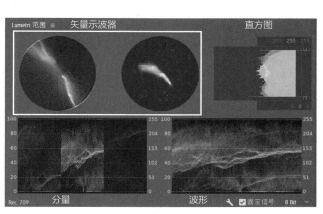

图5-5 "Lumetri范围"面板中显示的所有波形图

- **矢量示波器：** 矢量示波器表示与色相相关的素材色度，常用于辅助判定画面的色相与饱和度，着重监控色彩的变化。Premiere中有两种矢量示波器：矢量示波器HLS和矢量示波器YUV，它们分别基于HSL色彩模式和YUV色彩模式。矢量示波器YUV显示为一个颜色轮盘，包括红色、洋红色、蓝色、青色、绿色和黄色（R、Mg、B、Cy、G和Yl）。

- **直方图：** 直方图主要用于显示每个色阶像素密度的统计分析信息，其中纵轴表示色阶（通常是0~255色阶），0代表最暗的黑色区域，255代表最亮的白色区域，中间的数值表示不同亮度的灰色区域。由下往上表示从黑（暗）到白（亮）的亮度级别，横轴表示对应色阶的像素数，像素越多，数值越高。根据亮度的不同，直方图可分为5个区域，分别是黑色、阴影、中间调、高光和白色。

- **分量：** 分量表示视频信号中的亮度和色差通道级别的波形，常用于解决画面色彩平衡的问题。Premiere中的分量类型主要有RGB、YUV、RGB白色和YUV白色4种，这也是分量的4种主要类型。在"Lumetri范围"面板中单击鼠标右键，在弹出的快捷菜单中选择"分量类型"命令，可在打开的子菜单中选择分量类型的命令。

- **波形：** 波形类型主要有RGB、亮度、YC和YC无色度4种主要类型。波形和分量的形状整体上是相同的，只是波形将分量中分开显示的R（红色）、G（绿色）、B（蓝色）进行了整合。

知识补充

常见色彩模式

RGB色彩模式通过红色、绿色、蓝色3种色彩来控制最终的显示效果；CMYK色彩模式通过青色、品红色、黄色和黑色4种色彩来控制最终的显示效果；HSL色彩模式通过色相、饱和度、亮度3种属性来控制最终的显示效果；YUV色彩模式通过亮度和色度两种属性来控制最终的显示效果。

3. "Lumetri颜色"面板

"Lumetri颜色"面板的每个部分侧重于颜色校正工作流程中的特定任务，也可以搭配使用，快速完成视频的基本调色处理。

（1）基本校正

为视频调色前，首先应查看画面是否存在偏色、曝光过度、曝光不足等问题，然后针对这些问题对画面进行颜色校正。通过"基本校正"栏可以校正或还原画面的颜色，修正画面中过暗或过亮的区域，调整曝光与明暗对比等属性。"基本校正"栏中的参数如图5-6所示。

① 输入LUT

LUT是Lookup Table（查询表）的缩写，通过LUT可以快速调整整个视频的色调。简单来说，LUT是Premiere提供的可应用于视频调色的预设效果。在"输入LUT"下拉列表中可以任意选择一种LUT预设进行调色。

② 白平衡

图5-6 "基本校正"栏

白平衡即白色的平衡，当白平衡不准确时，视频画面就会出现偏色的问题，此时可通过调整白平衡，让画面以白色为基色还原出其他颜色。单击"白平衡选择器"后的吸管工具 ![吸管]，然后在画面中白色或中性色的区域单击鼠标左键来吸取颜色，系统会自动调整白平衡。若对画面效果不满意，则可以拖曳色温和色彩滑块来进行微调。

- **色温：** 色温即光线的温度，如暖光或冷光。将色温滑块向左移动可使画面色调偏冷，向右移动可使画面色调偏暖。
- **色彩：** 微调色彩值可以补偿画面中的绿色或洋红色，给画面带来不同的色彩表现。将色彩滑块向左移动可增加画面的绿色，向右移动可增加洋红色。

③ 色调

色调是指画面中色彩的整体倾向，如红色调、蓝色调等。通过调整"色调"栏中的不同参数，可以调整画面的色调倾向。

- **曝光：** 用于设置画面的亮度。向右拖曳滑块可以增加色调值并增强画面高光；向左拖曳滑块可以减少色调值并增强画面阴影。
- **对比度：** 用于增加或降低画面的对比度。增加对比度时，中间调区域到暗区变得更暗；降低对比度时，中间调区域到亮区变得更亮。
- **高光：** 用于调整画面的亮部，向左拖曳滑块可使高光变暗，向右拖曳滑块可使高光变亮并恢复高光细节。
- **阴影：** 用于调整画面的阴影，向左拖曳滑块可使阴影变暗，向右拖曳滑块可使阴影变亮并恢复阴影细节。
- **白色：** 用于调整画面中最亮的白色区域，向左拖曳滑块可减少白色，向右拖曳滑块可增加白色。
- **黑色：** 用于调整画面中最暗的黑色区域，向左拖曳滑块可增加黑色，使更多阴影变为纯黑色，向右拖曳滑块可减少黑色。
- ![重置按钮]：单击该按钮，Premiere会将"色调"栏中的参数还原为原始设置。
- ![自动按钮]：单击该按钮，Premiere会自动移动滑块进行调色。

④ 饱和度

"饱和度"可以均匀地调整画面中所有颜色的饱和度，向左拖曳滑块可降低整体饱和度，向右拖曳滑块可增加整体饱和度。

（2）创意

通过"创意"栏可以进一步调整画面的色调，实现所需的颜色创意，从而制作出艺术效果。"创意"栏中的参数如图5-7所示。

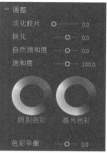

图5-7 "创意"栏

① Look

Look类似于调色滤镜，"Look"下拉列表中提供了多种创意的Look预设，在预览缩略图中单击左右箭头，可以直观地预览应用不同Look预设后的效果，单击预览缩略图可将Look应用于素材中。图5-8所示为应用不同Look的效果。

图5-8 应用不同Look的效果

② 强度

强度用于调整应用Look效果的强度，向右拖曳滑块可增强应用的Look效果，向左拖曳滑块可减弱应用的Look效果。

③ 调整

"调整"栏中的参数主要用于简单地调整Look效果。

- **淡化胶片：**向右拖曳滑块，可淡化画面，使画面产生一种暗淡、朦胧的薄雾效果，常用于制作怀旧风格的视频。
- **锐化：**用于调整视频画面中像素边缘的清晰度，让视频画面更加清晰。向右拖曳滑块可增加边缘清晰度，让细节更加明显；向左拖曳滑块可减弱边缘清晰度，让画面更加模糊。需要注意的是，过度锐化边缘会使画面看起来不自然。
- **自然饱和度：**用于智能检测画面的鲜艳程度，对饱和度低的颜色影响较大，对饱和度高的颜色影响较小，使原本饱和度足够的颜色保持原状，避免颜色过度饱和，尽量让画面中所有颜色的鲜艳程度趋于一致，从而使画面效果更加自然，常用于调整有人像的视频画面。
- **饱和度：**用于均匀地调整画面中所有颜色的饱和度，使画面中色彩的鲜艳程度相同，调整范围为"0~200"。
- **阴影色彩轮和高光色彩轮：**用于调整阴影和高光中的色彩值。将鼠标指针移至色彩轮时，色彩轮中间将出现十字光标 ，拖曳该十字光标可以添加颜色。色彩轮被填满表示已进行调整，双击色彩轮可将其复原，空心色彩轮则表示未进行任何调整。
- **色彩平衡：**用于平衡画面中的洋红色或绿色。

（3）曲线

通过"曲线"栏可以快速和精确地调整视频的色调范围，以获得更加自然的视觉效果。"Lumetri颜色"面板中的曲线主要有RGB曲线和色相饱和度曲线两种类型，如图5-9所示。

① RGB曲线

RGB曲线一共有4条曲线，主曲线为一条白色的对角线，用于控制画面亮度（右上角为亮部、左下角为暗部）。通过单击曲线上方对应颜色的按钮可以切换其余3条曲线，分别为红、绿、蓝通道曲线。调整RGB曲线的方法：在曲线上单击鼠标左键创建控制点，然后拖曳控制点来调整亮度，其中向上拖曳将提高该点对应像素的亮度，向下拖曳将降低该点对应像素的亮度。

图5-9 "曲线"栏

② 色相饱和度曲线

除了调整RGB曲线外，还可以调整色相饱和度曲线进一步处理视频的色调范围。色相饱和度曲线中有5条曲线，并分为5个可单独控制的选项卡，每个选项卡中都有吸管工具，使用吸管工具可以设置需要调整的颜色区域，然后在相应的曲线上通过拖曳控制点来调整这个区域内的色相与饱和度。图5-10所示为色相与饱和度曲线。

图5-10 色相与饱和度曲线

色相饱和度曲线的使用方法：打开任意一个曲线选项卡，单击吸管工具，在"节目"面板中单击某种颜色进行取样，曲线上将自动添加3个控制点，向上或向下拖曳中间的控制点可提高或降低选定范围的色相与饱和度输出值，左右两边的控制点用于控制范围。

（4）色轮和匹配

通过"色轮和匹配"栏可以更加精确地调整视频色彩，"色轮和匹配"栏中的参数如图5-11所示。

① 颜色匹配

视频画面中可能会出现颜色或亮度不统一的情况，而利用"颜色匹配"功能可自动匹配一个画面或多个画面中的颜色，使画面效果更加协调。具体操作方法：单击"颜色匹配"参数右侧的 比较视图 按钮，将"节目"面板切换到"比较视图"模式，拖曳"参考"窗口下方的滑块或单击"转到上一编辑点"按钮 和"转到下一编辑点"按钮 ，在编辑点

图5-11 "色轮和匹配"栏

之间跳转选择参考帧，将时间指示器定位到要与参考对象匹配的画面上，选择当前帧，单击 应用匹配 按钮，Premiere将自动应用"Lumetri颜色"面板中的色轮匹配当前帧与参考帧的颜色。

② 人脸检测

默认"人脸检测"复选框呈选中状态，如果在参考帧或当前帧中检测到人脸，则着重于匹配人物面部颜色。人脸检测功能可提高皮肤的颜色匹配质量，但计算匹配所需的时间会延长，颜色匹配速度会变慢。因此，如果素材中不含有人脸，则可取消选中"人脸检测"复选框，以加快颜色匹配速度。

③ 色轮

Premiere提供了3种色轮，分别用于调整阴影、中间调、高光的颜色及亮度，使用方法与在"创意"栏中使用阴影色彩轮、高光色彩轮的方法相同。不同的是，这里的色轮还可以通过增加（向上拖曳

色轮左侧滑块）和减少（向下拖曳色轮左侧滑块）数值来调整应用强度，如向上拖曳阴影色轮左侧的滑块可使阴影变亮，向下拖曳高光色轮左侧的滑块可使高光变暗。

（5）HSL辅助

通过"HSL辅助"栏可精确调整画面中的某个特定颜色，而不会影响画面中的其他颜色，因此适用于调整局部细节的颜色。例如，在为人物视频调色时，人物皮肤常会因为环境的变化而失真，此时就可使用"HSL辅助"功能只对人物皮肤进行调色，而不影响画面中的其他部分，如图5-12所示。

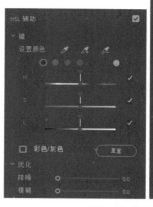

图5-12 "HSL辅助"栏

① 键

通过"键"栏可以提取画面中局部色调、亮度和饱和度范围内的像素。

在"设置颜色"右侧有3种吸管工具，其中选取颜色吸管工具 用于吸取主颜色；添加颜色吸管工具 用于在主颜色中添加吸取的颜色；减去颜色吸管工具 用于在主颜色中减去吸取的颜色。选择对应的吸管工具后，在画面中单击鼠标左键可吸取颜色，要想在"节目"面板中查看吸取的颜色范围，需要选中"键"栏中的"彩色/灰色"复选框。

如果使用吸管工具组不能很好地达到要求，则可以拖曳下方的"H""S""L"滑块进行调整。其中"H"表示色相，"S"表示饱和度，"L"表示亮度，拖曳相应的滑块可以调整吸取颜色的相应范围。

② 优化

颜色范围吸取完毕后，可以通过"优化"栏调整颜色边缘，其中"降噪"用于调整画面中的噪点，"模糊"用于调整被吸取颜色边缘的模糊程度。

③ 更正

展开"更正"栏，在色轮中单击鼠标左键可以将吸取的颜色修改为另一种颜色，拖曳色轮下方的滑块可以调整吸取颜色的色温、色彩、对比度、锐化和饱和度。

（6）晕影

"晕影"功能可以使画面边缘变亮或者变暗，突出画面主体，"晕影"栏中的参数如图5-13所示。

图5-13 "晕影"栏

- **数量：** 用于使画面边缘变暗或变亮，向左拖曳滑块可使画面变暗，向右拖曳滑块可使画面变亮。
- **中点：** 用于选择晕影范围，向左拖曳滑块可使晕影范围变大，向右拖曳滑块可使晕影范围变小。
- **圆度：** 用于调整画面4个角的圆度大小，向左拖曳滑块可使圆度变小，向右拖曳滑块可使圆度变大。
- **羽化：** 用于调整画面边缘晕影的羽化程度，羽化值越大，晕影的羽化程度越高。向左拖曳滑块可使羽化值变小，向右拖曳滑块可使羽化值变大。

⚒ **任务实施**

1. 调整画面亮度

米拉在查看了视频素材后，发现部分视频的画面较为暗淡，导致整体氛围偏阴沉，因此她准备先调整这些视频的亮度，具体操作如下。

微课视频
调整画面亮度

（1）新建名称为"旅游景点宣传视频"的项目文件，然后导入所有素材，基于
"航拍1.mp4"素材新建序列，并修改序列名称为"旅游景点宣传视频"，
再按照图5-14所示的顺序依次拖曳视频素材至序列中。

（2）单击"颜色"选项卡切换到"颜色"模式工作区，选择"航拍1.mp4"素
材，在"Lumetri颜色"面板中打开"曲线"栏。在RGB曲线中，将鼠标指
针移至主曲线右上角，单击鼠标左键添加控制点，然后按住鼠标左键不放并向上拖曳，以增加画
面中亮部的亮度，如图5-15所示。

（3）使用与步骤（2）相同的方法，继续在主曲线的左下方和中间处添加并调整控制点，以调整其他
区域的亮度，如图5-16所示。调整"航拍1.mp4"素材亮度的前后对比效果如图5-17所示。

图5-14　按顺序添加视频素材

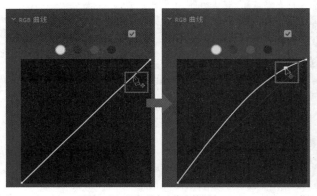

图5-15　添加并向上拖曳控制点　　　　　　图5-16　添加并调整其他控制点

图5-17　调整"航拍1.mp4"素材亮度的前后对比效果

（4）将时间指示器移至00:00:11:04处，选择"诺日朗瀑布.mp4"素材，在"Lumetri颜色"面板中
打开"曲线"栏，在RGB曲线中调整主曲线，如图5-18所示。

（5）单击曲线上方的■按钮，切换为绿通道的曲线，调整绿通道的曲线如图5-19所示，适当调整画面
中绿色区域的亮度；单击曲线上方的■按钮，切换为蓝通道的曲线，调整蓝通道的曲线如图5-20
所示，调整"诺日朗瀑布.mp4"素材亮度的前后对比效果如图5-21所示。

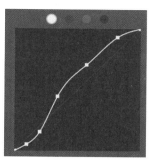

图5-18 调整主曲线

图5-19 调整绿通道的曲线

图5-20 调整蓝通道的曲线

图5-21 调整"诺日朗瀑布.mp4"素材亮度的前后对比效果

（6）将时间指示器移至00:00:21:22处，选择"长海.mp4"素材，在"Lumetri颜色"面板中单击打开"基本校正"栏，设置参数如图5-22所示。调整该素材亮度的前后对比效果如图5-23所示。

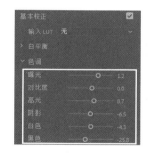

图5-22 设置"基本校正"参数（1）

图5-23 调整"长海.mp4"素材亮度的前后对比效果

（7）将时间指示器移至00:00:29:22处，选择"五花海.mp4"素材，在"Lumetri颜色"面板中单击打开"基本校正"栏，设置"曝光""高光""阴影""白色""黑色"分别为"1.1、23.9、-10.9、23.9、-10.9"。调整"五花海.mp4"素材亮度的前后对比效果如图5-24所示。

图5-24 调整"五花海.mp4"素材亮度的前后对比效果

2. 调整画面色彩

微课视频

调整画面色彩

为了使视频画面更具吸引力，增强视觉冲击力，米拉打算进一步优化"航拍1.mp4""五花海.mp4""五彩池.mp4"这3个视频素材的色彩效果，具体操作如下。

（1）将时间指示器移至00:00:05:20处，选择"航拍1.mp4"素材，在"Lumetri颜色"面板中单击打开"创意"栏，在"Look"下拉列表中选择图5-25所示的选项。设置"调整"栏中的"锐化""自然饱和度"分别为"20.0、10.0"。调整该素材色彩的前后对比效果如图5-26所示。

图5-25　设置Look（1）　　　　　　图5-26　调整"航拍1.mp4"素材色彩的前后对比效果

（2）将时间指示器移至00:00:37:06处，选择"五花海.mp4"素材，在"Lumetri颜色"面板中"创意"栏的"Look"下拉列表中选择图5-27所示的选项，然后在"基本校正"栏的"白平衡"中分别设置"色温"和"色彩"为"-10.0、-6.0"。调整该素材色彩前后对比效果如图5-28所示。

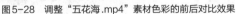

图5-27　设置Look（2）　　　　　　图5-28　调整"五花海.mp4"素材色彩的前后对比效果

（3）将时间指示器移至00:00:50:11处，选择"五彩池.mp4"素材，在"Lumetri颜色"面板中"创意"栏的"Look"下拉列表中选择图5-29所示的选项，设置"强度"为"90%"，再设置"调整"栏中的"淡化胶片""锐化""自然饱和度""饱和度"分别为"20.0、10.0、10.0、110.0"。调整该素材色彩的前后对比效果如图5-30所示。

图5-29　设置Look（3）　　　　　　图5-30　调整"五彩池.mp4"素材色彩的前后对比效果

3. 调整画面对比度并完善宣传视频

米拉发现"珍珠滩瀑布.mp4""航拍2.mp4"这两个视频的画面色彩较为平淡，需要适当增强对比度，使其产生更明显的层次感，再通过添加文本、制作过渡效果和添加音乐来完善宣传视频，具体操作如下。

微课视频

调整画面对比度并
完善宣传视频

项目5

调整视频色彩

101

（1）将时间指示器移至00:00:45:17处，选择"珍珠滩瀑布.mp4"素材，在"Lumetri颜色"面板的"基本校正"栏中，设置图5-31所示的参数。调整该素材对比度的前后对比效果如图5-32所示。

图5-31 设置"基本校正"参数（2）　　　图5-32 调整"珍珠滩瀑布.mp4"素材对比度的前后对比效果

（2）将时间指示器移至00:01:06:19处，选择"航拍2.mp4"素材，在"Lumetri颜色"面板的"基本校正"栏中设置"对比度""高光""阴影""白色""黑色""饱和度"分别为"80.0、37.0、−52.2、−21.7、−19.6、110.0"。调整该素材对比度的前后对比效果如图5-33所示。

图5-33 调整"航拍2.mp4"素材对比度的前后对比效果

（3）切换到"效果"模式的工作区，在所有视频素材之间应用"内滑"过渡效果，部分视频的过渡效果如图5-34所示。

图5-34 部分素材的过渡效果

（4）选择文字工具**T**，将鼠标指针移至"节目"面板中间，单击鼠标左键定位插入点，输入"九寨风光"文本，如图5-35所示，按【Ctrl+Enter】组合键完成输入。

（5）保持选中文本的状态，选择"窗口"/"基本图形"命令，打开"基本图形"面板，在"文本"栏中设置"字体"为"FZXingKai-S04S"，"字体大小"为"330"，然后选中"阴影"复选框，如图5-36所示，文本效果如图5-37所示。

（6）调整文本的入点和出点分别为"00:00:01:20"和"00:00:06:08"，在文本入点和出点处分别应用"交叉缩放""渐变擦除"过渡效果，设置"渐变擦除"过渡效果的"柔和度"为"10"，文本变化效果如图5-38所示。

图5-35 输入文本　　　　图5-36 设置文本相关参数　　　　图5-37 文本效果

图5-38 文本变化效果

（7）添加背景音乐，并使用比率拉伸工具拖曳其出点，使其与V1轨道中最后一段素材的出点对齐，最后按【Ctrl+S】组合键保存文件。

制作美食节宣传视频

课堂练习

导入提供的素材，先将视频素材依次添加到序列中，然后针对画面中出现的色彩问题，依次调整"Lumetri颜色"面板中"基本校正""曲线""色轮和匹配"等栏的参数，优化视觉效果，完成美食节宣传视频的制作。本练习的参考效果如图5-39所示。

效果预览

图5-39 美食节宣传视频参考效果

素材位置： 素材\项目5\美食节素材\美食1.mp4、美食2.mp4、美食3.mp4、美食4.mp4、美食5.mp4、美食6.mp4
效果位置： 效果\项目5\美食节宣传视频.prproj

任务5.2　制作农产品店铺视频广告

老洪查看了米拉在制作宣传视频中所运用的调色功能，听她介绍了调色思路，发现她在色彩的一些细节问题上处理得还不错，于是放心地将农产品店铺视频广告的任务交给她，同时告诉她在Premiere中有些效果组可用于调色，应用这些效果可以提升视频调色效率。

🌾 任务描述

任务背景	视频广告是一种以视频形式展示的广告，它通常在电视节目中或互联网平台上进行展示，需要有较高的视觉吸引力和冲击力，以吸引潜在消费者的兴趣，同时提高产品或品牌的知名度。新农特是一家种植与售卖农产品的企业，以智慧农业为基础，采用先进的技术和科学的种植方法，提供高质量的农产品给消费者。现该企业准备开设线上店铺，为提高店铺的知名度，同时吸引更多消费者购买，准备制作一则视频广告用于推广农产品，需要设计师利用提供的基地素材和农产品素材进行制作
任务目标	① 制作分辨率为1920像素×1080像素、时长为35秒左右的店铺视频广告
	② 优化视频素材的色彩，使其产生良好的视觉效果，让消费者对店铺留下好的第一印象
	③ 结合店铺"智慧农业"的特点，在视频画面中添加具有科技感的元素
知识要点	"亮度曲线"效果、"灰度系数校正"效果、"颜色平衡（RGB）"效果、"阴影/高光"效果、"颜色平衡"效果、"RGB颜色校正器"效果、"更改为颜色"效果

本任务的参考效果如图5-40所示。

图5-40　农产品店铺视频广告参考效果

素材位置： 素材\项目5\农产品店铺素材\基地1.mp4、基地2.mp4、红薯.mp4、玉米.mp4、西红柿.mp4、动态元素\统计1.mov、统计2.mov、天气.mov、数据流.mov、文本.psd
效果位置： 效果\项目5\农产品店铺视频广告.prproj

📦 知识准备

Premiere的"效果"面板中提供的视频效果组有图像控制、过时和颜色校正3组，每组中又包括多种效果，且部分效果的功能较为类似。因此米拉决定先深入了解多种调色效果的具体功能和用途，以便后续在编辑视频时更有针对性地调整视频色彩。

1. 图像控制视频效果组

图像控制视频效果组主要用于调整视频画面的整体明暗、色彩饱和度和整体色调等，其中包括5种效果。

（1）"灰度系数校正"效果

"灰度系数校正"效果可以在不改变画面高亮区域和低亮区域的情况下，使画面变亮或者变暗。选择素材后双击该效果，或直接拖曳到素材上，均可进行应用（后续不再赘述）。在"效果控件"面板中通过灰度系数可以调整画面的灰度效果，向左拖曳滑块可使画面变亮，向右拖曳滑块可使画面变暗。

（2）"颜色平衡（RGB）"效果

"颜色平衡（RGB）"效果可以通过RGB值调节画面中三原色的色彩占比。应用该效果后，在"效果控件"面板中可分别调整画面中的红色、绿色和蓝色的数量。

（3）"颜色替换"效果

"颜色替换"效果可以用新的颜色替换掉在原视频画面中取样的颜色以及与取样颜色有一定相似度的颜色。应用该效果后，在"效果控件"面板（见图5-41）中可设置以下参数。

图5-41 "颜色替换"效果参数

- **相似性：**用于设置目标颜色的容差值。
- **纯色：**选中该复选框，替换颜色将变为纯色。
- **目标颜色：**用于设置视频画面中的取样颜色。
- **替换颜色：**用于设置替换"目标颜色"的颜色，即新的颜色。

（4）"颜色过滤"效果

"颜色过滤"效果可以将画面转换为灰度色，但被选中的色彩区域可以保持不变。应用该效果后，在"效果控件"面板中，"相似性"用于设置保留颜色的容差值，"颜色"用于设置需要保留的颜色。

（5）"黑白"效果

"黑白"效果可以直接将彩色画面转换成灰度画面。

2. 过时视频效果组

过时视频效果组主要用于对视频画面进行专业的色彩校正和颜色分级，其中包括12种效果，下面介绍部分常用效果。

（1）"RGB曲线"效果

"RGB曲线"效果主要通过调整曲线的方式来修改视频画面的主通道和红、绿、蓝通道的颜色，以此改变视频画面的色彩。它与"Lumetri颜色"面板的"曲线"栏中的"RGB曲线"功能相同。应用该效果后，在"效果控件"面板（见图5-42）的4个相应曲线图中单击创建控制点并拖曳控制点即可调整画面的色彩。其余参数介绍如下。

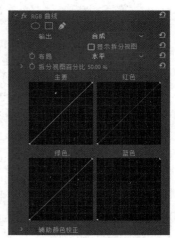

图5-42 "RGB曲线"效果参数

- **输出：**在"合成"下拉列表中可选择允许在"节目"面板中查看调整后的最终效果选项；选中"显示拆分视图"复选框，可以分屏预览。
- **布局：**用于设置分屏预览的布局。
- **拆分视图百分比：**用于设置分屏预览布局的比例。

- 主要、红色、绿色、蓝色曲线图：分别用于设置其对应通道的颜色。
- 辅助颜色校正：用于设置色彩的色相、饱和度和亮度等，以辅助颜色校正。

（2）"RGB颜色校正器"效果

"RGB颜色校正器"效果能设置视频画面的红、绿、蓝3个通道中的参数，以修改视频画面的颜色。应用该效果后，在"效果控件"面板（见图5-43）中可设置以下参数。

- 色调范围定义：用于选择色调调整的区域，包括"主""高光""中间调""阴影"4个选项。
- 灰度系数：用于设置灰度的级别。
- 基值：用于增加或减小特定的偏移像素值，通常与"增益"参数结合使用，以提高画面亮度。

图5-43 "RGB颜色校正器"效果参数

- 增益：用于增加画面的像素值，使画面变亮。
- RGB：用于设置红、绿、蓝3个通道的灰度系数、基值和增益参数。
- 辅助颜色校正：用于指定要校正的颜色范围。

（3）"亮度曲线"效果

"亮度曲线"效果可调整视频画面的亮度，使暗部区域变亮或使亮部区域变暗。应用该效果后，在"效果控件"面板中可以调整"亮度波形"曲线图。

（4）"自动对比度""自动色阶""自动颜色"效果

"自动对比度""自动色阶""自动颜色"效果可以分别自动调整视频画面的对比度、色阶和颜色，这3种效果在"效果控件"面板中的参数都较为相似，这里以"自动颜色"效果的"效果控件"面板（见图5-44）中的参数为例进行介绍。

图5-44 "自动颜色"效果参数

- 瞬时平滑（秒）：用于控制视频画面的平滑时间。
- 场景检测：可以根据"瞬时平滑（秒）"参数自动检测每个场景，并进行色彩处理。
- 减少黑色像素：用于控制画面中暗部区域所占的比例。
- 减少白色像素：用于控制画面中亮部区域所占的比例。
- 对齐中性中间调：选中该复选框，Premiere将自动使颜色接近中间色调，从而有效解决偏色问题。
- 与原始图像混合：用于控制视频画面的混合程度。

（5）"阴影/高光"效果

"阴影/高光"效果可以调整视频画面的阴影和高光部分。应用该效果后，在"效果控件"面板（见图5-45）中可设置以下参数。

- 自动数量：选中该复选框，Premiere将自动调整视频画面中的阴影和高光部分，并且下方的"阴影数量""高光数量"栏将被禁用。

图5-45 "阴影/高光"效果参数

- 阴影数量：用于控制视频画面中阴影的数量。
- 高光数量：用于控制视频画面中高光的数量。
- 更多选项：用于更加精细地调整视频画面的阴影、高光、中间调等参数。

3. 颜色校正视频效果组

颜色校正视频效果组主要用于校正处理视频画面的色彩，以恢复原本的色彩，其中包括12种效果，下面介绍部分常用效果。

（1）"保留颜色"效果

"保留颜色"效果可以选择一种需要保留的颜色范围，使其他颜色的饱和度降低。应用该效果后，在"效果控件"面板（见图5-46）中可设置以下参数。

图5-46 "保留颜色"效果参数

- **脱色量**：用于设置色彩的脱色强度，该值越大，饱和度越低。
- **要保留的颜色**：用于设置需要保留的颜色。
- **容差**：用于设置颜色的容差。
- **边缘柔和度**：用于设置视频画面边缘的柔和程度。
- **匹配颜色**：用于设置颜色的匹配模式。

（2）"更改为颜色"效果

"更改为颜色"效果可以快速地选择的颜色更改为另一种颜色，且修改一种颜色时，不会影响到其他颜色。应用该效果后，在"效果控件"面板（见图5-47）中可设置以下参数。

图5-47 "更改为颜色"效果参数

- **自**：用于设置更换的颜色样本。
- **至**：用于设置最终更换的颜色。
- **更改**：用于设置想要更改的色彩属性，包括"色相""亮度""饱和度"选项。
- **更改方式**：选择"设置为颜色"选项，可直接修改颜色；选择"变换为颜色"选项，可设置介于"自"和"至"颜色之间的差值以及宽容度值。
- **容差**：用于设置更改颜色所允许的误差。
- **柔和度**：用于创建"自"和"至"颜色之间的平滑过渡。
- **查看校正遮罩**：选中该复选框，可在"节目"面板中以黑白蒙版的形式预览视频画面，查看更换颜色受影响的区域，其中黑色区域为不受影响的区域，白色区域为受影响的区域，灰色区域为部分受影响的区域。

（3）"色彩"效果

"色彩"效果用于调整视频画面中包含的颜色信息。应用该效果后，在"效果控件"面板（见图5-48）中可设置以下参数。

图5-48 "色彩"效果参数

- **将黑色映射到**：用于将黑色变为指定的颜色。
- **将白色映射到**：用于将白色变为指定的颜色。
- **着色量**：用于设置染色后画面和原始画面的混合程度。

（4）"颜色平衡"效果

"颜色平衡"效果可以调整视频画面的RGB色彩。应用该效果后，在"效果控件"面板中可分别调整阴影、中间调和高光区域中红色、绿色和蓝色的占比。

其他调整色彩的效果

知识补充

在过时视频效果组和颜色校正视频效果组中，还有更多用于调整色彩的效果，如"三向颜色校正器""亮度校正器""快速模糊""更改颜色""视频限制器"等效果，其主要作用详解可扫描右侧的二维码查看。

任务实施

1. 调整画面亮度和色彩

由于客户提供的视频素材画面不太美观，因此需要米拉先调整视频画面的亮度和色彩等，使其能够吸引消费者的注意，具体操作如下。

（1）新建名称为"农产品店铺视频广告"的项目文件，然后导入所有素材，基于"基地1.mp4"素材新建序列，并修改序列名称为"农产品店铺视频广告"。

（2）双击"玉米.mp4"素材，在"源"面板中打开该素材，设置"出点"为"00:00:09:00"。使用相同的方法分别设置"红薯.mp4""西红柿.mp4"素材的"出点"为"00:00:05:00"和"00:00:15:00"。

（3）依次拖曳"基地2.mp4""玉米.mp4""红薯.mp4""西红柿.mp4"素材至V1轨道中，再分别设置"玉米.mp4""西红柿.mp4"素材的"持续时间"为"00:00:07:15"和"00:00:06:00"。

（4）选择"基地1.mp4"素材，在"效果"面板中依次展开"视频效果""过时"栏，双击"亮度曲线"效果，然后打开"效果控件"面板，将鼠标指针移至曲线中间，单击添加控制点，然后按住鼠标左键不放并向上拖曳，以加强画面中间调区域的亮度，如图5-49所示。

（5）使用与步骤（4）相同的方法，继续在曲线中添加并调整控制点，以调整其他区域的亮度，如图5-50所示，调整"基地1.mp4"素材亮度的前后对比效果如图5-51所示。

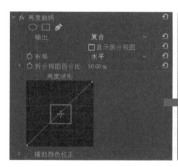
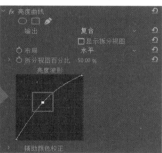
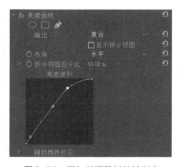

图5-49　添加并向上拖曳控制点　　　　　图5-50　添加并调整其他控制点

图5-51　调整"基地1.mp4"素材亮度的前后对比效果

（6）在"效果控件"面板中选择"亮度曲线"效果，按【Ctrl+C】组合键复制，然后选择"基地2.mp4"素材，按【Ctrl+V】组合键粘贴，调整该素材亮度的前后对比效果如图5-52所示。

图5-52　调整"基地2.mp4"素材亮度的前后对比效果

（7）将时间指示器移至00:00:21:06处，选择"玉米.mp4"素材，在"效果"面板中展开"图像控制"文件夹，依次拖曳"灰度系数校正""颜色平衡（RGB）"效果到该素材上，然后在"效果控件"面板中分别设置"灰度系数"为"8"，"红色""绿色""蓝色"为"125、125、120"，如图5-53所示。调整该素材色彩前后对比效果如图5-54所示。

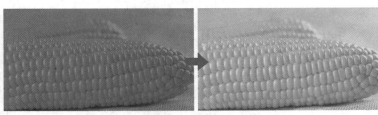

图5-53　调整参数　　　　　　　图5-54　调整"玉米.mp4"素材色彩的前后对比效果

（8）将时间指示器移至00:00:25:11处，选择"红薯.mp4"素材，在"效果"面板中双击"阴影/高光"效果，然后在"效果控件"面板中取消选中"自动数量"复选框，再设置"阴影数量"和"高光数量"分别为"40、5"，如图5-55所示。

（9）在"效果"面板中展开"颜色校正"文件夹，双击"颜色平衡"效果，然后在"效果控件"面板中设置"阴影红色平衡""中间调红色平衡""高光红色平衡"分别为"-23.0、-50.0、-15.0"。调整"红薯.mp4"素材色彩的前后对比效果如图5-56所示。

图5-55　设置"阴影/高光"参数　　　　图5-56　调整"红薯.mp4"素材色彩的前后对比效果

（10）将时间指示器移至00:00:31:29处，选择"西红柿.mp4"素材，在"效果"面板中双击"RGB颜色校正器"效果，然后在"效果控件"面板中设置"灰度系数""基值""增益"分别为"0.75、-0.05、1.10"，如图5-57所示，调整该素材色彩的前后对比效果如图5-58所示。

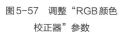

图5-57　调整"RGB颜色
校正器"参数

图5-58　调整"西红柿.mp4"素材色彩的前后对比效果

2. 更改动态元素的色彩

米拉搜集了一些动态元素的素材，但由于素材颜色为白色，在画面中不太明显，需要将其更改为具有科技感的蓝色，具体操作如下。

微课视频

更改动态元素
的色彩

（1）依次将"统计2.mov""统计1.mov"素材拖曳至V2轨道，将"天气.mov""数据流.mov"素材拖曳至V3轨道，然后使用比率拉伸工具▉拖曳其出点，调整效果如图5-59所示。

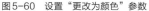

图5-59　添加动态元素并调整出点

（2）在"效果控件"面板中调整"统计2.mov""天气.mov"素材的位置和缩放参数，使两者分别位于画面的左侧和右侧。

（3）将时间指示器移至00:00:04:13处，选择"统计2.mov"素材，在"效果"面板中双击"更改为颜色"效果，然后在"效果控件"面板中设置"至"为"#0A97EA"，其他参数如图5-60所示。再为该素材应用"颜色平衡（RGB）"效果，设置"红色""绿色""蓝色"分别为"39、59、59"。

（4）在"效果控件"面板中选择应用的两个效果，按【Ctrl+C】组合键复制，然后选择"天气.mov"素材，按【Ctrl+V】组合键粘贴，再在"效果控件"面板中拖曳"更改为颜色"效果至"颜色平衡（RGB）"效果上方。更改"统计2.mov"和"天气.mov"素材色彩的前后对比效果如图5-61所示。

图5-60　设置"更改为颜色"参数　　　图5-61　更改"统计2.mov"和"天气.mov"素材色彩的前后对比效果

（5）使用与步骤（4）相同的方法，复制"更改为颜色"和"颜色平衡（RGB）"效果到另外两个动态元素素材中，并依次调整其顺序。更改"统计1.mov"和"数据流.mov"素材色彩的前后对比效果如图5-62所示。

图5-62　更改"统计1.mov"和"数据流.mov"素材色彩的前后对比效果

（6）新建V4轨道，将"文本.psd"素材中的文本依次拖曳到该轨道中，并调整最后一个文本的出点与最后一个视频素材的出点对齐，如图5-63所示，画面效果如图5-64所示。

图5-63　添加字幕文本并调整出点

图5-64　添加字幕文本的画面效果

（7）添加背景音乐，并使其出点与V1轨道的出点对齐，最后按【Ctrl+S】组合键保存文件。

设计素养

随着科技的不断进步，智慧农业逐渐成为现代农业发展的主要趋势。智慧农业应用先进的信息技术和互联网技术，提供了一种高效、智能的农业生产模式。在这一背景下，许多农产品店铺也开始积极采用智慧农业技术来提升生产效率和产品质量。因此，设计师在编辑智慧农业题材的视频时，为了更好地宣传智慧农业的店铺以及农产品，需要准确理解店铺的定位和市场需求，从而制作出更具吸引力的视频，让人们更好地理解和认识智慧农业的优势和价值。

制作果蔬店铺视频广告

课堂练习

导入提供的素材，先添加视频素材到序列中，并适当调整时长和播放速度，然后结合多种视频效果调整视频画面的色彩，使视频画面更加美观，以吸引消费者视线，最后添加文本素材和背景音乐素材，完成果蔬店铺视频广告的制作。本练习的参考效果如图5-65所示。

—— 效果预览 ——

我们用心耕耘　　　　每一颗新鲜的果蔬　　　　每一份收获都充满了爱和关怀

图5-65　果蔬店铺视频广告参考效果

素材位置： 素材\项目5\果蔬店铺素材\农业基地.mp4、水果.mp4、蔬菜.mp4、文本.psd、背景音乐.mp3
效果位置： 效果\项目5\果蔬店铺视频广告.prproj

综合实战　制作《保护动物》公益视频

为了提高米拉的综合调色能力，老洪将制作《保护动物》公益视频的任务交给她，并嘱咐她在调整色彩时要考虑到观众的观看体验，不能让画面效果过于虚假，因此在选择视频效果或者调色功能时，要根据具体的问题进行分析。

实战描述

实战背景	某公益组织为提高公众对保护动物重要性的认识，准备制作以"保护动物"为主题的公益视频，希望能够唤起公众对于保护动物的意识，并推动公众采取行动，共同建设一个更加美好的未来。由于该组织提供的动物视频画面不太美观，因此需要设计师先优化画面的色彩，再添加字幕文本和背景音乐
实战目标	① 制作分辨率为1920像素×1080像素、时长为30秒左右的公益视频 ② 分析视频画面中的色彩问题，并选择合适的方法进行处理，增加该视频的吸引力 ③ 为视频画面添加简洁明了的字幕文本，使公众更加清楚地了解该视频的主题，并向公众传达保护动物的重要性
知识要点	"Lumetri颜色"面板、图像控制视频效果组、过时视频效果组、颜色校正视频效果组

本实战的参考效果如图5-66所示。

我们应该明确保护动物的责任和义务　　　　增加公众对动物保护的认识和重视程度

积极参与保护动物的工作　　　　共建美好世界

效果预览

图5-66　《保护动物》公益视频参考效果

素材位置：	素材\项目5\《保护动物》素材\袋鼠.mp4、东方白鹤.mp4、红松鼠.mp4、老虎.mp4、天鹅.mp4、小熊猫.mp4、文本.psd、背景音乐.mp3
效果位置：	效果\项目5\《保护动物》公益视频.prproj

 思路及步骤

　　在制作本案例时，设计师可以先剪辑所有的动物视频素材并调整播放速度，然后针对不同视频素材的画面选择不同的效果，或通过"Lumetri颜色"面板进行处理，如调整"袋鼠.mp4"视频的亮度、"天鹅.mp4"视频的颜色、"老虎.mp4"视频的对比度等，使视频画面更加自然、美观，再添加有关"保护动物"的字幕文本，最后添加轻快的背景音乐并调整其出点。本例的制作思路如图5-67所示，参考步骤如下。

① 添加素材并控制时长

② 调整视频画面的亮度、对比度、饱和度等

③ 添加字幕文本和背景音乐并调整时长

图5-67　制作《保护动物》公益视频的思路

（1）新建项目，导入所有素材，基于视频素材新建序列，并修改序列名称。

（2）将视频素材都拖曳至序列中，通过调整出点或播放速度，将每段视频素材的时长控制在5秒左右。

（3）依次对每个视频素材进行调色处理，如增强亮度、增强饱和度、调整色彩等。

（4）添加字幕文本，并根据文本的长度调整显示时长。

（5）添加背景音乐并调整出点，最后按【Ctrl+S】组合键保存文件。

微课视频

制作《保护动物》公益视频

 课后练习　制作《森林防火》公益视频

　　近年来，全球气候变化加剧，森林火灾频发，严重威胁着生态环境和人类生命财产安全。某环保组织决定制作一则以"森林防火"为主题的公益视频，以直观生动的视听方式向大众传达森林防火的重要性。现需设计师利用该环保组织提供的视频素材，制作《森林防火》公益视频，分辨率要求为1920像素×1080像素，时长小于30秒。设计师需要先剪辑视频素材，然后结合Lumetri面板和多种调色视频效果调整视频画面的色彩，再添加字幕文本、标题文本和背景音乐等素材，最终制作出画面美观且具有吸引力的公益视频，参考效果如图5-68所示。

效果预览

113

图5-68　《森林防火》公益视频参考效果

素材位置： 素材\项目5\《森林防火》素材\火灾.mp4、森林.mp4、森林云雾.mp4、小火.mp4、阳光透过森林.mp4、背景音乐.mp3

效果位置： 效果\项目5\《森林防火》公益视频.prproj

项目6
制作视频特效

老洪安排了3个任务给米拉，并告诉她这些任务的客户都比较注重创意。米拉对此感到困惑，不知道具体需要哪种风格的创意，于是老洪解释道："Premiere提供了多种视频效果，可以为视频、图片和文本等素材应用不同的视频效果，从而使最终完成的作品具有强烈的视觉冲击和艺术感染力，也能够更好地突出视频主题。"

米拉听后茅塞顿开，决定以这次任务为契机，进一步锻炼自己的创意思维和专业技能。

知识目标	● 熟悉不同视频效果的作用与区别 ● 掌握应用不同视频效果的方法
素养目标	● 坚持创新，主动探索多种特效结合的可能性 ● 培养前瞻性思维，拓宽设计视野，不断了解新兴事物

任务6.1 制作《视频编辑教程》片头

老洪将制作《视频编辑教程》片头的相关资料交给米拉,米拉查看资料后,与客户沟通了片头的内容以及风格类型等。确定好大致构想后,米拉便开始研究利用哪些视频效果来制作具有创意的片头。

🔍 任务描述

任务背景	为满足日益增长的视频编辑需求,某出版社计划出版名称为《视频编辑教程》的图书。该书旨在帮助读者掌握视频编辑技巧,为此特别设置视频教程,需要设计师为教程的开头部分设计一个引人注目的片头
任务目标	① 制作分辨率为1920像素×1080像素、时长为5秒的片头
	② 分别为背景、装饰元素和文本设计特效,特效需要着重强调视频教程的名称——视频基础知识,以加深印象
知识要点	"羽化边缘"效果、"杂色"效果、"旋转扭曲"效果、"湍流置换"效果、"偏移"效果、"球面化"效果

本任务的参考效果如图6-1所示。

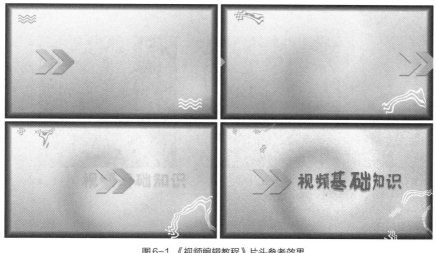

效果预览

图6-1 《视频编辑教程》片头参考效果

📍 **素材位置:** 素材\项目6\教程片头.psd
效果位置: 效果\项目6\《视频编辑教程》片头.prproj

📦 知识准备

为了避免片头画面过于凌乱,老洪建议米拉不要应用太多不同类型的视频效果。于是米拉准备先熟悉不同效果组的功能,然后从中选择部分效果进行应用。

1. 变换视频效果组

变换视频效果组可以实现素材的翻转、羽化、裁剪等操作,该效果组包括以下5种效果。

● **垂直翻转:** 该效果可以上下翻转视频画面,图6-2所示为原视频画面,图6-3所示为应用该效果后的视频画面。

- **水平翻转：** 该效果可以左右翻转视频画面。
- **羽化边缘：** 该效果可以虚化视频画面的边缘，如图6-4所示。
- **自动重构：** 该效果可以自动调整视频画面的比例，使其适应不同的屏幕比例和分辨率。
- **裁剪：** 该效果可以从上、下、左、右4个方向裁剪视频画面。

图6-2　原视频画面　　　　　图6-3　"垂直翻转"效果　　　　图6-4　"羽化边缘"效果

2. 实用程序视频效果组

实用程序视频效果组中只有一个"Cineon转换器"效果，该效果可以利用3种不同的转换类型来调整视频画面的色调，图6-5所示为不同转换类型的色调效果。

　　　　线性到对数　　　　　　　　　　对数到线性　　　　　　　　　　对数到对数

图6-5　3种不同转换类型的色调效果

3. 扭曲视频效果组

扭曲视频效果组主要通过几何扭曲变形视频画面来制作出各种变形效果，该效果组包括以下12种效果。

- **偏移：** 该效果可以使视频画面向其他方向平移，从而产生一种错位的视觉效果，图6-6所示为将中心向右偏移的效果。
- **变形稳定器：** 该效果可以自动分析需要稳定的视频画面，并稳定化处理视频画面，让视频画面看起来更加平稳。
- **变换：** 该效果可以综合设置视频画面的位置、分辨率、不透明度及倾斜度等参数。
- **放大：** 该效果可以将视频画面的某一部分放大，并可以调整放大区域的不透明度，羽化放大区域边缘。
- **旋转扭曲：** 该效果可以使视频画面产生沿中心旋转的效果，如图6-7所示。
- **果冻效应修复：** 该效果可以修复由于摄像设备或拍摄对象移动而产生的扭曲。
- **波纹变形：** 该效果能产生类似于波纹的效果。

- **湍流置换：** 该效果可以使视频画面产生类似于波纹和旗帜飘动等的扭曲效果，如图6-8所示。

图6-6 "偏移"效果　　　　　图6-7 "旋转扭曲"效果　　　　　图6-8 "湍流置换"效果

- **球面化：** 该效果可以使平面的画面产生球面效果。
- **边角定位：** 该效果可以改变视频画面4个边角的坐标位置，使画面产生变形。
- **镜像：** 该效果可以将视频画面分割为两部分，并制作出镜像效果。
- **镜头扭曲：** 该效果可以使视频画面沿水平轴和垂直轴扭曲变形。

4. 时间视频效果组

时间视频效果组主要用于控制视频画面的时间特性，该效果组包括"残影"和"色调分离时间"两种效果。

- **残影：** 该效果可以重复播放视频画面中的帧，使视频画面产生重影的效果，但该效果只能对视频画面中运动的对象起作用。
- **色调分离时间：** 该效果可以将视频画面设定为某一个帧率进行播放，以产生跳帧的效果。

5. 杂色与颗粒视频效果组

杂色与颗粒视频效果组主要用于去除视频画面中的擦痕及噪点，该效果组包括以下6种效果。

- **中间值（旧版）：** 该效果可以获取视频画面邻近像素的中间像素，以减少画面中的杂色，也可用于去除视频中的水印。
- **杂色：** 该效果可以制作出类似于噪点的效果，如图6-9所示。
- **杂色Alpha：** 该效果可以为视频画面的Alpha通道添加均匀随机或随机方形的杂色。
- **杂色HLS：** 该效果可以根据视频画面的色相、亮度和饱和度来添加噪点，如图6-10所示。
- **杂色HLS自动：** 该效果与"杂色HLS"效果基本相同，不同的是，该效果可以生成动画化的噪点。
- **蒙尘与划痕：** 该效果可以在视频画面中添加蒙尘与划痕，并通过调节半径和阈值控制视觉效果，如图6-11所示。

图6-9 "杂色"效果　　　　　图6-10 "杂色HLS"效果　　　　　图6-11 "蒙尘与划痕"效果

任务实施

1. 为背景制作特效

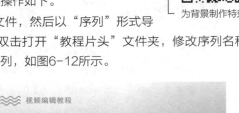

微课视频

为背景制作特效

米拉构思好了视频画面的大概结构，准备先为背景制作羽化的特效，然后再利用扭曲特效为背景画面设计具有创意的显示效果，具体操作如下。

（1）新建名称为"《视频编辑教程》片头"的项目文件，然后以"序列"形式导入"教程片头.psd"素材。在"项目"面板中双击打开"教程片头"文件夹，修改序列名称为"《视频编辑教程》片头"，然后双击打开该序列，如图6-12所示。

图6-12　导入并打开序列

（2）修改所有素材的出点至00:00:06:00，隐藏除V1轨道外的所有轨道，然后选择V1轨道的背景素材，在"效果"面板中依次展开"视频效果""变换"文件夹，双击"羽化边缘"效果，再展开"杂色与颗粒"文件夹，双击"杂色"效果。

（3）打开"效果控件"面板，在其中设置"羽化边缘"效果的"数量"为"50"，"杂色"效果的"杂色数量"为"20.0%"，如图6-13所示，背景素材的前后对比效果如图6-14所示。

图6-13　设置羽化边缘和杂色

图6-14　背景素材的前后对比效果

（4）在"效果"面板中展开"扭曲"文件夹，双击"旋转扭曲"效果，在"效果"面板中先将该效果移至"羽化边缘"效果上方，然后开启并添加角度属性的关键帧，再将时间指示器移至00:00:03:00处，设置"角度"为"240.0°"，如图6-15所示，背景素材的效果如图6-16所示。

图6-15　添加关键帧

图6-16 背景素材的效果

2. 为装饰元素制作循环和变形特效

微课视频

为装饰元素制作
循环和变形特效

为了让视频画面更丰富、更具动感，米拉准备继续使用扭曲效果组中的效果为装饰元素制作循环和变形特效，具体操作如下。

（1）显示V3轨道，选择"箭头/教程片头.psd"素材，双击"扭曲"文件夹中的"偏移"效果，将时间指示器移至00:00:00:00处，然后在"效果控件"面板中开启并添加将中心移位至属性的关键帧。

（2）将时间指示器移至00:00:03:00处，在"效果控件"面板中向右拖曳将中心移位至属性的第一个参数，使箭头向右循环移动，直至循环两圈后回到初始位置，箭头的循环特效如图6-17所示。

图6-17 箭头的循环效果

（3）显示V4轨道，选择"白色波浪/教程片头.psd"素材，双击"扭曲"文件夹中的"湍流置换"效果，将时间指示器移至00:00:00:00处，然后在"效果控件"面板中开启并添加数量属性的关键帧。

（4）将时间指示器移至00:00:03:00处，在"效果控件"面板中设置"数量"为"-350.0"，白色波浪素材的变形效果如图6-18所示。

图6-18 白色波浪素材的变形效果

（5）在"效果控件"面板中选中"湍流置换"效果，按【Ctrl+C】组合键复制，然后显示V5轨道，选择"紫色波浪/教程片头.psd"素材，按【Ctrl+V】组合键粘贴"湍流置换"效果，并在00:00:03:00处修改"数量"为"-400.0"，紫色波浪素材的变形效果如图6-19所示。

图6-19 紫色波浪素材的变形效果

3. 为文本制作特效

米拉在为文本制作特效时，发现文本的色彩不太明显，因此需要先修改其色彩，然后再结合装饰元素的变化来设计文本特效，并利用放大特效来突出教程的名称，具体操作如下。

（1）显示V2轨道，为"视频基础知识"文本素材应用颜色校正效果组中的"更改为颜色"效果，在"效果控件"面板中设置"至"为"#DF5400"，将文本由白色转换为橙色。

（2）选择"视频基础知识"文本素材，先将时间指示器移至箭头第2次出现在"识"文本上方的时间点处，然后在"效果控件"面板中开启并添加不透明度属性的关键帧。

（3）将时间指示器移至箭头第2次出现在"视频"文本上方的时间点处，设置"不透明度"为"0.0%"，制作出箭头划过后文本出现的动画效果，如图6-20所示。

图6-20　文本的变化效果

（4）显示V6轨道，复制"视频基础知识"文本素材中的不透明度属性，然后将其粘贴到"视频编辑教程"文本素材中。

（5）为"视频基础知识"文本素材应用扭曲效果组中的"球面化"效果，将时间指示器移至00:00:03:00处，然后在"时间轴"面板中开启半径属性的关键帧。

（6）将时间指示器移至00:00:03:15处，设置"半径"为"248.0"，然后根据球面化的区域修改球面半径，此处修改为"802.0,540.0"，使"视频"文本球面化，然后开启并添加半径属性的关键帧。

（7）将时间指示器移至00:00:04:16处，先添加半径属性的关键帧，然后修改球面"半径"为"1494.0,540.0"，使"知识"文本球面化。再将时间指示器移至00:00:05:06处，设置"半径"为"0.0"，如图6-21所示，文本效果如图6-22所示，最后按【Ctrl+S】组合键保存文件。

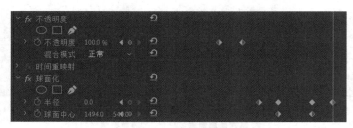

图6-21　添加多个关键帧并修改参数

图6-22　文本效果

课堂练习

制作自媒体片头

导入提供的素材，先利用"杂色"效果调整背景样式，然后再为其制作扭曲旋转特效，接着利用不透明度关键帧制作逐渐显示自媒体头像的动画效果，并为其制作倒影效果，本练习的参考效果如图6-23所示。

效果预览

图6-23　自媒体片头参考效果

素材位置： 素材\项目6\自媒体素材\背景.jpg、自媒体头像.png
效果位置： 效果\项目6\自媒体片头.prproj

任务6.2　制作新能源科普短片

米拉开始研究新能源科普短片的制作任务，这是她之前未接触过的领域，因此有些迷茫，于是老洪便建议她多参考新能源题材视频的特殊效果，然后再进行创意构思。

 任务描述

任务背景	常规能源是指技术上比较成熟且已被大规模利用的能源，而新能源通常是指尚未大规模利用、正在积极研究开发的能源。随着常规能源的日益紧缺，新能源技术逐渐成为解决能源问题的重要途径，为了提高大众对新能源技术的认知度，某能源科研机构决定制作一系列科普短片，向大众普及各类新能源。现需设计师利用所提供的素材，为新能源中的风能制作科普短片
任务目标	① 制作分辨率为1920像素×1080像素、时长在45秒左右的视频
	② 在画面中显示新能源技术具体类型的文本，让观众可以轻松识别视频的主题
	③ 制作特效以优化画面效果，使短片更具创意性和吸引力
知识要点	"简单文本"效果、"镜头光晕"效果、"高斯模糊"效果、"渐变"效果、"页面剥落"效果、"交叉溶解"效果

本任务的参考效果如图6-24所示。

效果预览

图6-24　新能源科普短片参考效果

素材位置： 素材\项目6\新能源素材\视频1.mp4、视频2.mp4、视频3.mp4、风能.png

效果位置： 效果\项目6\新能源科普短片.prproj

🎁 知识准备

米拉先上网搜索了同类型的视频，发现这种科普类的视频通常不使用过于夸张的表现手法，需要注重客观、严谨，因此她便根据这两点要求来选择合适的视频效果进行制作。

1. 模糊与锐化视频效果组

模糊与锐化视频效果组主要用于锐化和模糊处理视频画面，该效果组包括以下8种效果。

- **减少交错闪烁：** 该效果可以减少隔行扫描的视频中可能出现的闪烁问题，但可能会对视频画面的细节或清晰度产生一定程度的影响。
- **复合模糊：** 该效果可以指定一个轨道，然后与当前视频画面进行混合模糊处理，从而产生模糊效果。
- **方向模糊：** 该效果可以在视频画面中添加具有方向性的模糊，使视频画面产生一种运动效果，图6-25所示为原视频画面，图6-26所示为应用该效果后的视频画面。

图6-25　原视频画面　　　　　　　　图6-26　"方向模糊"效果

- **相机模糊：** 该效果可以使视频画面产生相机没有对焦的拍摄效果。
- **通道模糊：** 该效果可以设置视频画面中红、蓝、绿和Alpha通道的模糊程度。

- **钝化蒙版：** 该效果可以调整视频画面的色彩钝化程度。
- **锐化：** 该效果可以通过增加相邻像素间的对比度使视频画面更清晰。
- **高斯模糊：** 该效果可以大幅度地模糊视频画面，使其产生虚化的效果，如图6-27所示。

图6-27 "高斯模糊"效果

2. 沉浸式视频视频效果组

沉浸式视频视频效果组可以打造出虚拟现实的奇幻效果，该效果组包括以下11种效果。

- **VR分形杂色：** 该效果可以为视频画面添加不同类型和布局的分形杂色，常用来制作云、烟、雾等效果，如图6-28所示。
- **VR发光：** 该效果可以为视频画面添加发光效果。
- **VR平面到球面：** 该效果可以将视频画面转换为球面效果。
- **VR投影：** 该效果可以调整视频的三轴旋转、拉伸以填充帧，调整视频画面的平移、倾斜和滚动等参数，生成投影效果。
- **VR数字故障：** 该效果可以为视频画面添加数字信号故障干扰效果。
- **VR旋转球面：** 该效果可以调整视频画面的倾斜、平移和滚动等参数，以生成旋转球面效果，如图6-29所示。
- **VR模糊：** 该效果可以为视频画面添加模糊效果。
- **VR色差：** 该效果可以调整视频画面中通道的色差，使视频画面产生色相分离的特殊效果，如图6-30所示。
- **VR锐化：** 该效果可以调整视频画面的锐化程度。
- **VR降噪：** 该效果可以减少视频画面中的噪点。
- **VR颜色渐变：** 该效果可以为视频画面添加渐变颜色。

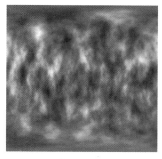 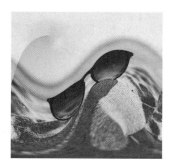 

图6-28 "VR分形杂色"效果　　　　图6-29 "VR旋转球面"效果　　　　图6-30 "VR色差"效果

3. 生成视频效果组

生成视频效果组主要用于生成如镜头光晕、闪电等的特殊效果，该效果组包括以下12种效果。

- **书写：** 该效果可以在视频画面中添加彩色笔触，结合关键帧可以创建出笔触动画，还能调整笔触轨迹，创建出需要的效果。
- **单元格图案：** 该效果主要用于蒙版、黑场视频中，可作为一种特殊的背景使用。
- **吸管填充：** 该效果可以从视频画面中选取一种颜色来填充画面。

- **四色渐变：** 该效果可以在视频画面上创建具有4种颜色的渐变效果，如图6-31所示。
- **圆形：** 该效果可以在视频画面中添加一个圆形，并通过设置半径、羽化、边缘等参数产生特殊效果。
- **棋盘：** 该效果可以在视频画面中创建一个黑白的棋盘背景。
- **椭圆：** 该效果可以在视频画面中创建圆、圆环或椭圆等。
- **油漆桶：** 该效果可以为视频画面中的某个区域填充颜色。
- **渐变：** 该效果可以让视频画面按照线性或径向的方式产生颜色渐变效果。
- **网格效果：** 该效果可以在视频画面中生成不同大小和混合模式的网格，如图6-32所示。
- **镜头光晕：** 该效果可以模拟摄像机在强光的照射下产生的镜头光晕，如图6-33所示。

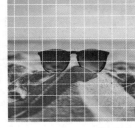

图6-31　"四色渐变"效果　　　图6-32　"网格效果"效果　　　图6-33　"镜头光晕"效果

- **闪电：** 该效果可以在视频画面中生成闪电划过的效果。

4. 视频视频效果组

视频视频效果组主要用于控制视频特性，该效果组包括以下4种效果。

- **SDR遵从情况：** 该效果可以调整视频画面的亮度、对比度和软阈值。
- **剪辑名称：** 该效果可以在视频画面上叠加显示剪辑名称。应用该效果后，可在效果"控件面板"中设置剪辑名称的位置、大小和不透明度等参数。
- **时间码：** 该效果可以在视频画面中显示剪辑的时间码。
- **简单文本：** 该效果可以在视频画面中添加介绍性文本信息，并在"效果控件"面板中设置文本的位置、对齐方式、大小和不透明度等参数。

⚒ 任务实施

1. 剪辑视频素材并添加主题文本

米拉先剪辑了视频素材，然后在前两段视频画面中添加了"新能源——风能"文本，以展示该短片的主题，具体操作如下。

微课视频

剪辑视频素材并添加主题文本

（1）新建名称为"新能源科普短片"的项目文件，然后导入所有素材，基于"视频1.mp4"素材新建序列，再修改序列名称为"新能源科普短片"。
（2）依次拖曳"视频2.mp4""视频3.mp4"素材至"时间轴"面板，适当调整持续时间和出点，使每个素材的时长均为15秒，如图6-34所示。
（3）选择"视频1.mp4"素材，在"效果"面板中依次展开"视频效果""视频"文件夹，双击"简单文本"效果，然后在"效果控件"面板中单击 编辑文本 按钮，在打开的对话框中设置文本为"新能源——风能"，单击 确定 按钮，接着再调整位置参数和大小，使其位于画面左上角，如图6-35所示。

（4）在"效果控件"面板中选中"简单文本"效果，按【Ctrl+C】组合键复制，然后选择"视频2.mp4"素材，按【Ctrl+V】组合键粘贴，效果如图6-36所示。

图6-34　添加视频素材并调整持续时间和出点

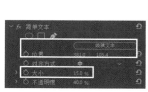

图6-35　添加与设置"简单文本"效果　　　　　　图6-36　复制与粘贴"简单文本"效果

（5）在"效果"面板中展开"视频过渡""溶解"文件夹，分别拖曳"交叉溶解"过渡效果至3个视频素材之间，效果如图6-37所示。

图6-37　应用"交叉溶解"过渡效果

2. 制作文本背景和文本展示特效

米拉准备直接使用第3段视频素材作为文本背景，同时适当进行美化，保证文本易于识别再为其制作特效，然后添加文本素材，并为文本素材制作展示特效，具体操作如下。

微课视频

制作文本背景和文本展示特效

（1）选择"视频3.mp4"素材，在"效果"面板中展开"生成"文件夹，双击"镜头光晕"效果，然后在"效果控件"面板中设置图6-38所示的参数，使光晕中心位于画面右上角。应用"镜头光晕"效果前后的对比效果如图6-39所示。

图6-38　设置"镜头光晕"效果参数　　　　　图6-39　应用"镜头光晕"效果前后的对比效果

（2）在"效果"面板中展开"模糊和锐化"文件夹，双击"高斯模糊"效果，将时间指示器移至

00:00:34:00处，然后在"效果控件"面板中开启并添加模糊度属性的关键帧，再将时间指示器移至00:00:36:00处，设置"模糊度"为"50.0"，制作文本背景特效，效果如图6-40所示。

图6-40　文本背景特效

（3）拖曳"风能.png"素材至V2轨道，设置"入点"和"出点"分别为"00:00:36:00""00:00:45:00"，然后为该素材应用"生成"文件夹中的"渐变"效果。在"效果控件"面板中设置"起始颜色"为"#FF860E"，"与原始图像混合"为"20.0%"，如图6-41所示，文本的前后对比效果如图6-42所示。

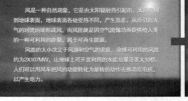

图6-41　设置"渐变"效果参数　　　　　　图6-42　文本的前后对比效果

（4）在"效果"面板的"视频过渡"中展开"页面剥落"文件夹，拖曳"页面剥落"效果至文本素材的入点处，然后设置"持续时间"为"00:00:04:00"，文本展示效果如图6-43所示，最后按【Ctrl+S】组合键保存文件。

图6-43　文本展示特效

设计素养

新能源产业的发展既是整个能源供应系统的有效补充手段，也是环境治理和生态保护的重要措施。党的二十大报告提出"加快规划建设新型能源体系"，同时要坚持创新引领，具有放眼未来的长远视野。设计师也应该拥有前瞻性的思维，关注新兴的内容和需求变化，从而提前做好准备并积极适应变革。

制作非遗科普短片

课堂练习

导入提供的素材，先剪辑视频素材并应用调色效果和过渡效果，然后根据画面内容添加非遗文化的名称，接着分别为视频素材制作模糊特效，并同时降低"皮影戏.mp4"素材的曝光度，再为介绍文本制作展示特效，完成非遗科普短片的制作。本练习的参考效果如图6-44所示。

效果预览

图6-44 非遗科普短片参考效果

素材位置： 素材\项目6\非遗素材\川剧变脸.mp4、皮影戏.mp4、川剧变脸.png、
皮影戏.png

效果位置： 效果\项目6\非遗科普短片.prproj

任务6.3 制作旅游宣传视频广告

米拉接收到旅游宣传视频广告的相关资料，先询问了客户对于视频效果的要求，然后结合自己的想法进行构思，决定利用多种视频效果来设计风格独特的视频广告。

任务描述

任务背景	某旅游公司专注于提供高品质、体验独特的旅游服务，秋季即将到来，该公司策划推出一个以"秋日旅游季"为主题的促销活动，需要设计师为此制作一个用作宣传的视频广告，并将其投放到各大社交媒体中，以便更多消费者观看和分享，同时进一步提高品牌知名度，并吸引更多的消费者前来参与促销活动
任务目标	① 制作分辨率为1920像素×1080像素、时长在6秒左右的视频广告
	② 画面色彩要营造出"秋日"的氛围，契合主题
	③ 为背景、装饰元素和文本制作特效，以吸引观众视线
知识要点	"纯色合成"效果、"光照效果"效果、"粗糙边缘"效果、"彩色浮雕"效果、"画笔描边"效果、"投影"效果

本任务的参考效果如图6-45所示。

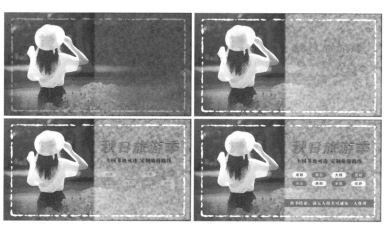

图6-45 旅游宣传视频广告参考效果

效果预览

素材位置：	素材\项目6\旅游宣传.psd
效果位置：	效果\项目6\旅游宣传视频广告.prproj

📦 知识准备

为了使视频广告的风格能够新颖独特，米拉准备深入研究 Premiere 中的视频效果，以更好地在同一个素材中融入多种效果，制作出与众不同的样式。

1. 调整视频效果组

调整视频效果组主要用于调整视频画面的亮度、色彩和对比度等，该效果组包括以下5种效果。

- **ProcAmp：** 该效果可以模仿放大器，控制视频画面的亮度、对比度、色相和饱和度等信息。
- **光照效果：** 该效果可以通过控制光源数量、光源类型及颜色等信息，为视频画面添加真实的光照效果，图6-46所示为原视频画面，图6-47所示为应用该效果后的视频画面。
- **卷积内核：** 该效果可以使用数学卷积运算的方式改变视频画面的亮度，增加像素边缘的锐化程度。
- **提取：** 该效果可以去除视频画面的颜色，使其产生黑白效果，如图6-48所示。
- **色阶：** 该效果可以调整视频画面中的高光、中间色和阴影。

图6-46　原视频画面　　　　　　图6-47　"光照效果"效果　　　　　图6-48　"提取"效果

2. 透视视频效果组

透视视频效果组用于制作三维透视效果，使视频画面产生立体效果，具有空间感。该效果组包括以下5种效果。

- **基本3D：** 该效果可以通过旋转和倾斜视频画面，模拟视频画面在三维空间中的效果，如图6-49所示。
- **径向阴影：** 该效果可以为视频画面添加阴影效果。
- **投影：** 该效果可以为带 Alpha 通道的视频画面添加投影。
- **斜面Alpha：** 该效果可以为视频画面创建具有倒角的边，使视频画面中的 Alpha 通道变亮，从而产生三维效果。
- **边缘斜面：** 该效果可以使视频画面边缘产生一个高亮的三维效果，如图6-50所示。

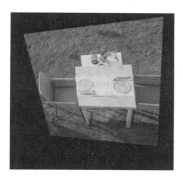

图6-49　"基本3D"效果

图6-50　"边缘斜面"效果

3. 通道视频效果组

通道视频效果组可以处理视频画面的通道，改变视频画面的亮度和色彩，该效果组包括以下7种效果。

- **反转：**该效果可以反转视频画面的颜色，使原视频画面中的颜色都变为对应的互补色，如图6-51所示。
- **复合运算：**该效果可以混合两个重叠视频画面的颜色。
- **混合：**该效果可以通过不同的模式混合一个视频轨道上的视频画面。
- **算术：**该效果可以通过不同的数学运算修改视频画面的红色、绿色、蓝色色值。
- **纯色合成：**该效果可以基于所选的混合模式，将纯色覆盖在视频画面上。图6-52所示为在视频画面上覆盖一层红色的效果。

图6-51　"反转"效果

图6-52　"纯色合成"效果

- **计算：**该效果可以通过不同的混合模式将不同轨道上的视频画面重叠在一起。
- **设置遮罩：**该效果可以用当前视频画面的Alpha通道替代指定的Alpha通道，产生移动蒙版的效果。

4. 风格化视频效果组

风格化视频效果组可以对视频画面进行艺术化处理，使视频画面效果更加美观、丰富，该效果组包括以下13种效果。

- **Alpha发光：**该效果可以在带Alpha通道的视频画面边缘添加发光效果。
- **复制：**该效果可以复制指定数目的视频画面。
- **彩色浮雕：**该效果可以锐化视频画面的轮廓，使视频画面产生彩色的浮雕效果，如图6-53所示。

- **曝光过度：**该效果可以使画面产生边缘变暗的亮化效果。
- **查找边缘：**该效果可以强化视频画面中物体的边缘，使视频画面产生类似于底片或铅笔素描的效果。
- **浮雕：**该效果可以锐化物体轮廓使视频画面产生灰色浮雕的效果。
- **画笔描边：**该效果可以模拟画笔绘画的效果，如图6-54所示。
- **粗糙边缘：**该效果可以使视频画面的Alpha通道边缘粗糙化。
- **纹理：**该效果可使不同轨道上的视频画面纹理在指定的视频画面上显示。
- **色调分离：**该效果可以分离视频画面的色调。
- **闪光灯：**该效果可以以一定的周期或随机地创建闪光灯效果，模拟拍摄瞬间的强烈闪光效果。
- **阈值：**该效果可以将视频画面变为灰度模式。
- **马赛克：**该效果可以在视频画面中添加马赛克，以遮盖视频画面，如图6-55所示。

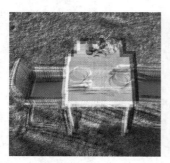

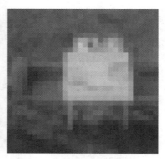

图6-53 "彩色浮雕"效果　　图6-54 "画笔描边"效果　　图6-55 "马赛克"效果

任务实施

1. 调整背景画面并制作特殊效果

微课视频

调整背景画面并
制作特殊效果

　　米拉准备调整背景画面的色彩以及样式，先为背景中的人物添加光效，然后为装饰元素制作更具设计感的造型，具体操作如下。

（1）新建名称为"旅游宣传视频广告"的项目文件，然后导入"旅游宣传.psd"素材，并以"序列"形式进行导入。在"项目"面板中双击打开"旅游宣传"文件夹，修改"旅游宣传"序列名称为"旅游宣传视频广告"，然后双击打开该序列，如图6-56所示。

图6-56 导入素材并打开序列

（2）调整所有素材的出点至00:00:06:00，隐藏除V1轨道外的所有轨道。选择"背景/旅游宣传.psd"素材，在"效果"面板中依次展开"视频效果""过时"文件夹，双击"纯色合成"效果，然后在"效果控件"面板中设置"颜色"为"#FFA538","源不透明度"为"85.0%",在画面上叠加一层橙色。

（3）在"效果"面板中展开"调整"文件夹，双击"光照效果"效果，然后在"效果控件"面板中展开"光照1"栏，设置参数如图6-57所示，再在下方分别设置"环境光照强度""曝光"为"38.0、-14.0"。背景素材画面的前后对比效果如图6-58所示。

（4）为背景素材应用"Lumetri颜色"效果，然后设置"色温"为"15.0"，"饱和度"为"130.0"，增强秋日的氛围感。

图6-57 设置"光照效果"效果参数　　　　图6-58 背景素材应用"光照效果"效果前后的对比效果

（5）显示V2和V3轨道，选择"矩形框/旅游宣传.psd"素材，在"效果"面板中展开"风格化"文件夹，双击"粗糙边缘"效果，然后在"效果控件"面板中设置参数，如图6-59所示。

（6）复制"粗糙边缘"效果至"矩形/旅游宣传.psd"素材中，然后分别修改"边框""边缘锐度""比例"为"12.0、0.0、100.0"，矩形和矩形框的前后对比效果如图6-60所示。

图6-59 设置"粗糙边缘"效果参数　　　　图6-60 为矩形和矩形框应用"粗糙边缘"效果前后的对比效果

（7）分别为"矩形/旅游宣传.psd""矩形框/旅游宣传.psd"素材在00:00:00:00和00:00:01:00处添加不透明度的关键帧，制作逐渐显示的动画。

2. 制作文本特效和显示动画

为了突出活动主题"秋日旅游季"，米拉准备为该文本设计一个具有设计感的样式，并制作一个较为显眼的显示特效，然后再制作显示动画，具体操作如下。

微课视频

制作文本特效和
显示动画

（1）显示V5轨道，选择"主题/旅游宣传.psd"素材，为其应用"风格化"文件夹中的"彩色浮雕""画笔描边"效果，设置参数如图6-61所示。"主题/旅游宣传.psd"素材的前后对比效果如图6-62所示。

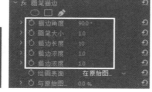

图6-61 设置"彩色浮雕""画笔描边"效果参数　　　图6-62 "主题/旅游宣传.psd"素材的前后对比效果

（2）在"效果"面板中展开"透视"文件夹，双击"基本3D"效果，将时间指示器移至00:00:01:00处，然后在"效果控件"面板中开启并添加不透明度属性以及"基本3D"效果中倾斜属性的关键帧，并分别设置为"0.0%、-90.0°"。

（3）将时间指示器移至00:00:02:00处，修改"不透明度"和"倾斜"为"100.0%、0.0°"，"主题/旅游宣传.psd"素材的动画效果如图6-63所示。

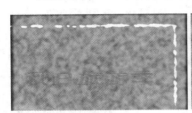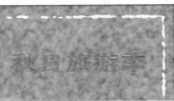

图6-63 "主题/旅游宣传.psd"素材的动画效果

（4）显示V4轨道，选择"特色/旅游宣传.psd"素材，为其应用"透视"文件夹中的"投影"效果，并保持默认设置，以加强显示效果。

（5）将时间指示器移至00:00:02:00处，开启并添加不透明度属性的关键帧，设置"不透明度"为"0.0%"，再将时间指示器移至00:00:03:00处，设置"不透明度"为"100.0%"。

（6）显示V6和V7轨道，使用与步骤（5）相同的方法，分别在00:00:03:00~00:00:04:00、00:00:04:00~00:00:05:00为"地名/旅游宣传.psd""优惠/旅游宣传.psd"素材制作显示动画，剩余文本的展示效果如图6-64所示，最后按【Ctrl+S】组合键保存文件。

图6-64 剩余文本的显示动画效果

制作企业招聘视频广告

课堂练习

　　导入提供的素材，先为背景制作在光照下逐渐显示的特效，然后利用"画笔描边""粗糙边缘"等视频效果设计部分元素的特效，再利用不同的视频效果为不同的元素制作动画特效，完成企业招聘视频广告的制作。本练习的参考效果如图6-65所示。

效果预览

图6-65 企业招聘视频广告参考效果

素材位置： 素材\项目6\企业招聘.psd
效果位置： 效果\项目6\企业招聘视频广告.prproj

综合实战　制作东北大米主图视频

　　完成不同类型的视频编辑任务后，米拉已经能够熟练应用视频效果，同时也能够结合多种效果制作出具有创意的特效。老洪将制作东北大米主图视频的任务交给她，希望她可以制作出符合客户需求的、带有创意特效的视频。

实战描述

实战背景	作为东北地区的特色农产品，东北大米质量优良、味道鲜美，深受消费者的喜爱，某农产品店铺为提升东北大米的销售额，准备制作一个具有创意的主图视频，使其能够在众多的店铺中脱颖而出
实战目标	① 制作分辨率为800像素×800像素、时长在10秒左右的主图视频
	② 突出东北大米"健康""香甜"的卖点，以及价格实惠等优势
	③ 画面美观，特效具有创意，能够吸引消费者的视线
知识要点	"四色渐变"效果、"杂色"效果、"旋转扭曲"效果、"高斯模糊"效果、"画笔描边"效果、"波形变形"效果、"投影"效果、"粗糙边缘"效果、"基本3D"效果、"径向阴影"效果、"斜面Alpha"效果、"偏移"效果

　　本实战的参考效果如图6-66所示。

效果预览

图6-66　企业宣传片参考效果

素材位置： 素材\项目6\东北大米素材\东北大米.psd、背景音乐.mp3
效果位置： 效果\项目6\东北大米主图视频.prproj

 思路及步骤

    在制作本案例时，设计师可以先结合多种视频效果美化画面中的背景、装饰元素和文本的样式，然后依次为大米图像、主题文本、卖点文本，以及下方的物流和价格信息制作特效以及显示动画，最后再添加背景音乐。本例的制作思路如图6-67所示，参考步骤如下。

① 调整背景、装饰元素和文本的样式

② 为商品和右侧文本制作显示动画和特效

③ 为下方内容制作显示动画和特效并添加背景音乐

图6-67 制作东北大米主图视频的思路

（1）新建项目，导入所有素材，并基于"东北大米.psd"素材新建序列，修改序列名称。

（2）调整序列中各素材的出点，然后调整背景、装饰元素和文本的样式。

（3）为大米图像制作从左至右逐渐显示的动画，为主题文本制作循环移动的特效，为卖点文本制作从模糊到清晰的特效。

（4）为下方的背景和物流信息制作逐渐显示的动画，再单独为价格信息制作较为显眼的特效。

（5）添加并裁剪背景音乐，按【Ctrl+S】组合键保存文件。

 课后练习 制作耳机主图视频

　　某数码店铺近期将上新一款耳机，为了吸引潜在消费者的关注，提升销售额，需要设计师制作一个分辨率为800像素×800像素、时长在8秒左右的主图视频。设计师需要先调整背景和文本的颜色，然后为背景中的元素制作具有动感的特效，接着逐渐显示商品和文本，再利用灯光增强视觉效果，最后利用放大特效突出展示宣传语文本，制作出具备吸引力的耳机主图视频，参考效果如图6-68所示。

图6-68　耳机主图视频参考效果

素材位置： 素材\项目6\耳机素材.psd

效果位置： 效果\项目6\耳机主图视频.prproj

项目7
添加字幕与图形

情景描述

　　临近春节，公司有多个设计项目，老洪从中挑选了春节宣传片字幕和《电影知意》栏目包装两个任务交给米拉，同时告诉她："在视频编辑中，除了需要向观众呈现美观的画面外，还可以为视频添加字幕与图形，字幕用于更好地传达视频信息，增强可理解性和记忆性；而图形用于增强视觉效果并吸引观众注意，让视频更加生动有趣。这次的两个任务分别需要你运用字幕与图形来进行制作，希望你能够制作出令人满意的视频！"

学习目标

知识目标	● 掌握创建字幕的方法 ● 掌握创建图形的方法 ● 掌握制作动态图形的方法
素养目标	● 为当代设计注入更多文化内涵，推动传统文化在现代社会的传承与发展 ● 树立正确的价值观，养成节约的传统美德

任务7.1　制作春节宣传片字幕

为了确保字幕的准确性，米拉先在网络中查询春节的相关知识，同时与客户进行沟通，最终确定字幕的具体内容，接着便开始设计字幕的字体、样式等外形特点，增强字幕的可读性和吸引力。

🔍 任务描述

任务背景	为了唤起人们对春节的重视和热情，某市的宣传部筹划制作一部春节宣传片，以推广春节文化和传统节日。该宣传部提供了有关春节的5段视频，需要设计师在剪辑后为其添加字幕
任务目标	① 制作分辨率为1920像素×1080像素、时长在40秒以内的宣传片
	② 字幕可选取笔画流畅、结构严谨的字体，字幕样式尽量简洁美观，确保文本清晰易读
	③ 在视频末尾添加标题文本以突出视频的主题，可采用具有吸引力的样式，并为其制作显示动画
知识要点	文字工具、"基本图形"面板、"文本"面板、字幕设计器

本任务的参考效果如图7-1所示。

效果预览

图7-1　春节宣传片参考效果

素材位置： 素材\项目7\春节素材\灯笼.mp4、挂饰.mp4、红包.mp4、剪福字.mp4、烟火表演.mp4、字幕.txt、背景音乐.wma

效果位置： 效果\项目7\春节宣传片.prproj

📦 知识准备

Premiere中有多种创建字幕的方法，米拉先总结出不同方法之间的区别，再根据需求选择合适的方法为宣传片制作字幕。

1. 认识"基本图形"面板

Premiere中的"基本图形"面板主要用于创建和编辑文本与图形，在"浏览"选项卡（见图7-2）

中，可浏览 AdobeStock 中的动态图形模板（后缀名为".mogrt"的文件），并且还能将下方的模板拖曳到"时间轴"面板中进行应用。在"编辑"选项卡中，单击"创建组"按钮■，可新建用于管理图层的组；单击"新建图层"按钮■，可在弹出的下拉菜单中选择相应的文本或图形，如图7-3所示，其中"来自文件"选项可基于所选文件新建图形。

图7-2 "浏览"选项卡　　　　　　　　　　　图7-3 新建图层

选择创建的文本或图形后，"基本图形"面板中的"编辑"选项卡将发生变化，设计师可在其中进行编辑。文本与图形的相关参数有所不同，此处以选择文本后的参数为例，如图7-4所示。

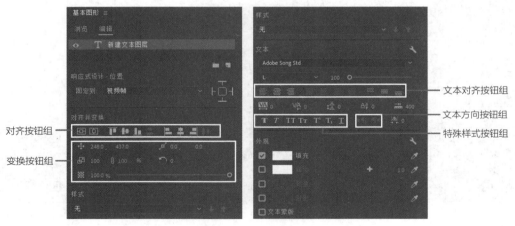

图7-4 设置文本参数

- **固定到：** 在该下拉列表中可为所选图层（子级图层）选择目标图层（父级图层），在右侧■设置固定的边缘，当父级图层的边缘发生改变时，为子级图层所设置的固定边缘将自动发生改变。
- **对齐按钮组：** 在该按钮组中，"垂直居中对齐"按钮■和"水平居中对齐"按钮■可将图层对齐到视频帧，而"顶对齐"按钮■、"垂直对齐"按钮■、"底对齐"按钮■、"垂直均匀分布"按钮■、"左对齐"按钮■、"水平对齐"按钮■、"右对齐"按钮■、"水平均匀分布"按钮■用于多个图层间的对齐与分布。需要注意的是，水平或垂直分布图层时需要选择3个或3个以上的图层，否则"垂直均匀分布"按钮■和"水平均匀分布"按钮■将被禁用。

- **变换按钮组：** 该按钮组中包括"切换动画的位置"按钮、"切换动画的锚点"按钮、"切换动画的比例"按钮、"切换动画的旋转"按钮和"切换动画的不透明度"按钮，单击相应按钮可开启关键帧。
- **样式：** 在项目中设置好文本的相关参数后，可在该下拉列表中选择"创建样式"选项，打开"新建文本样式"对话框，设置名称后单击 确定 按钮，便于后续将该文本样式应用到项目的其他文本中。
- **字体** Adobe Song Std： 用于设置文本的字体。
- **字体样式**L： 用于设置字体的样式，如常规、斜体、粗体和细体。
- **字体大小** 100： 拖曳滑块可设置字体的大小，也可直接输入字体大小的数值。
- **文本对齐按钮组：** 用于设置文本对齐方式。从左到右依次为"左对齐文本"按钮、"居中对齐文本"按钮、"右对齐文本"按钮、"最后一行左对齐"按钮、"最后一行居中对齐"按钮、"对齐"按钮、"最后一行右对齐"按钮、"顶对齐文本"按钮、"居中对齐文本垂直"按钮、"底对齐文本"按钮。
- **字距**： 用于设置字符的间距。
- **字偶间距**： 可使用度量标准字偶间距或视觉字偶间距来自动微调文字的间距。
- **行距**： 用于设置文本的行间距。
- **基线位移**： 用于设置文字的基线位移量，输入正值字符将往上移，输入负值字符将往下移。
- **制表符宽度**： 用于设置按【Tab】键产生字符所占的宽度。
- **特殊样式按钮组：** 用于设置文本的特殊样式。从左向右依次为"仿粗体"按钮、"仿斜体"按钮、"全部大写字母"按钮、"小型大写字母"按钮、"上标"按钮、"下标"按钮、"下划线"按钮。
- **文本方向按钮组：** 用于设置文本从左到右（）或从右到左（）排列。
- **比例间距**： 用于以百分比的方式设置两个字符之间的字间距。
- **"外观"栏：** 用于设置文本的填充、描边、背景和阴影等参数，选中参数左侧的复选框进行激活，单击色块可打开"拾色器"对话框，在其中设置相应颜色，也可使用右侧的吸管工具直接吸取颜色。选中"文本蒙版"复选框可将文本设置为蒙版。

2. 创建字幕

在Premiere中可以通过以下4种方法创建字幕，设计师可根据需要进行选择。

（1）使用工具

文本可分为点文本和段落文本两类，其中，点文本不论文本字数有多少，都不会自动换行，需要手动换行；段落文本以文本框范围为参照，每行文本会根据文本框的大小自动换行。使用工具创建这两种文本的方法如下。

- **创建点文本：** 选择文字工具或垂直文字工具，在"节目"面板中单击鼠标左键定位插入点，然后输入文本内容，再按【Ctrl+Enter】组合键或选择其他工具，完成字幕的输入。
- **创建段落文本：** 选择文字工具或垂直文字工具，在"节目"面板中按住鼠标左键不放并拖曳鼠标，绘制一个文本框，然后在框内输入文本内容，如图7-5所示。再按【Ctrl+Enter】组合键，或选择其他工具，完成字幕的输入。

图7-5　创建段落文本

（2）通过"文本"面板

选择"窗口"/"文本"命令打开"文本"面板，如图7-6所示。在其中单击 [CB 创建新字幕轨] 按钮，打开"New caption track"对话框，如图7-7所示，在其中可设置字幕轨道格式和样式（一般保持默认设置），然后单击 [确定] 按钮，将在"时间轴"面板中自动添加一个C1轨道。接着在"文本"面板中单击"添加新字幕分段"按钮 🔁，如图7-8所示，此时在"文本"面板、"时间轴"面板和"节目"面板中将出现创建的字幕，如图7-9所示。在不同面板中双击该字幕，均可修改字幕内容。

图7-6　"文本"面板　　　　图7-7　设置字幕参数　　　　图7-8　单击"添加新字幕分段"按钮

图7-9　通过"文本"面板创建字幕

导入字幕文件

如果已经有外部字幕文件，可在"文本"面板中单击 [从文件导入说明性字幕] 按钮，打开"导入"对话框，在其中选择需导入的字幕文件，然后单击 [打开(O)] 按钮。

知识补充

使用选择工具 ▶ 在"节目"面板中单击创建的字幕，其周围将显示文本框，将鼠标指针移至文本框的控制点处，按住鼠标左键不放并拖曳鼠标可调整文本框的大小；将鼠标指针移至文本框内部，按住鼠标左键不放并拖曳鼠标可调整文本框的位置，如图7-10所示。

图7-10　调整文本框的位置

疑难解析

为什么创建的字幕位于文本框底部？

默认情况下，在"文本"面板中创建的字幕都会居中显示在文本框底部，而文本框同时也居中显示在视频画面的底部。除了可以调整文本框的位置来改变字幕位置外，选中字幕后，"基本图形"面板的"对齐与变换"栏中会出现一个九宫格，通过单击九宫格中的方格，可以设置字幕相对于文本框以及文本框相对于视频画面的位置。

在"文本"面板中添加字幕后，若需要删除字幕或创建新的字幕等，在字幕上方单击鼠标右键，在弹出的快捷菜单中可选择以下选项。

- **在之前/之后添加字幕：** 用于在该字幕之前/之后创建新的字幕。需要注意的是，在"时间轴"面板中，若该字幕之前/之后无空间则不可创建。
- **删除文本块：** 用于删除该文本块（在"文本"面板中，一个字幕中可包含多个文本块）。
- **将新的文本块添加到字幕：** 用于在该字幕中添加新的文本块，且新文本块的样式、位置等参数都可单独进行调整。

（3）通过"基本图形"面板

在"基本图形"面板的"编辑"选项卡中，单击"新建图层"按钮，在弹出的下拉菜单中选择"文本"或"直排文本"命令，可创建相应的文本，此时在"节目"面板中将出现"新建文本图层"文本，双击该文本后可修改文本内容。

（4）使用"旧版标题"命令

选择"文件"/"新建"/"旧版标题"命令，打开"新建字幕"对话框，在其中设置字幕的宽度、高度、时基、像素长宽比和名称等参数，然后单击 **确定** 按钮，打开图7-11所示的字幕设计器。

- **字幕工具栏：** 用于提供制作文字与图形的常用工具。
- **字幕动作栏：** 用于设置文本的分布、对齐等。
- **字幕格式栏：** 用于设置字幕的格式，如字体、字体大小等。
- **字幕工作区：** 用于创建字幕和图形的区域，在该区域以外的内容不会显示在画面中。
- **旧版标题样式栏：** 其中有Premiere预设的多种文本样式，设计师也可以将自定义的文本样式存入其中。
- **旧版标题属性栏：** 用于设置文本的变换、属性、填充、描边等参数。

选择字幕工具栏中的任意文字工具，在字幕工作区中输入文本内容，再为其设置样式。关闭字幕设计器后，可将"项目"面板中新建的字幕拖曳到"时间轴"面板中应用。

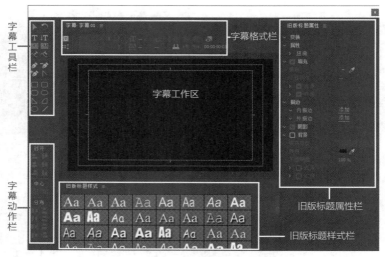

图7-11　字幕设计器

任务实施

1. 添加宣传片字幕

微课视频

添加宣传片字幕

　　米拉先根据画面内容调整了视频素材的播放顺序，由于需要添加的字幕内容较多，因此她准备通过"文本"面板来添加字幕，具体操作如下。

（1）新建名称为"春节宣传片"的项目文件，然后导入所有视频和音频素材，基于"灯笼.mp4"视频素材新建序列，并修改序列名称为"春节宣传片"，再按照图7-12所示的顺序依次拖曳视频素材至序列中，并删除"剪福字.mp4""烟火表演.mp4"视频素材中的音频。

图7-12　添加视频素材并删除音频

（2）切换到"字幕"工作区模式，打开"文本"面板，在其中单击<u>创建新字幕轨</u>按钮，打开"New caption track"对话框，保持默认设置，然后单击<u>确定</u>按钮，将在"时间轴"面板中自动添加一个C1轨道。

（3）在"文本"面板中单击"添加新字幕分段"按钮，下方将创建一个字幕，且默认选中"新建字幕"文本，此时直接输入"百节年为首，四季春为先"文本，如图7-13所示。

图7-13　输入文本

（4）单击"文本"面板下方的空白区域，完成文本的输入，此时"时间轴"面板和"节目"面板的效果如图7-14所示。

图7-14　添加第一段字幕的效果

（5）在"文本"面板的字幕上单击鼠标右键，在弹出的快捷菜单中选择"在之后添加字幕"命令，然后双击新字幕中的文本，输入"春节是中华民族的传统佳节之一"文本，如图7-15所示。单击空白区域完成输入，效果如图7-16所示。

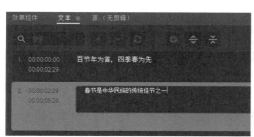

图7-15　输入第二段字幕的文本　　　　　　　　　图7-16　添加第二段字幕的效果

（6）使用与步骤（5）相同的方法，依次在第二段字幕之后添加字幕，并修改文本为"字幕.txt"素材中的内容，部分效果如图7-17所示。

图7-17　添加其他字幕

2. 调整字幕样式

米拉为视频画面添加字幕后，发现字幕偏小，且字体也较为纤细，无法清晰地辨认，因此需要调整所有字幕的样式，具体操作如下。

（1）调整字幕样式时，为避免文本过大超出画面，可选择较长的文本来预览调整效果。在"文本"面板中单击第八段字幕，时间指示器将自动移动到00:00:20:23处。

微课视频

调整字幕样式

（2）在右侧的"基本图形"面板中设置"字体"为"FZQingKeBenYueSongS-R-GB"，"字体大小"为"70"，如图7-18所示，文本的前后对比效果如图7-19所示。

图7-18　设置文本相关参数

图7-19　调整文本的前后对比效果

（3）在"轨道样式"栏下方的下拉列表中选择"创建样式"选项，打开"新建文本样式"对话框，设置"名称"为"下方字幕样式"，然后单击 确定 按钮，保存当前样式，如图7-20所示。

（4）单击"轨道样式"栏下方的下拉列表右侧的 ↑ 按钮，打开"推送样式属性"对话框，选中"轨道上的所有字幕"单选项，然后单击 确定 按钮，如图7-21所示，此时将统一调整其他字幕的样式，如图7-22所示。

图7-20　新建文本样式

图7-21　设置"推送样式属性"参数

图7-22　其他字幕效果

3. 输入并编辑标题字幕

为了突出该视频的主题，米拉准备在视频结尾处添加"欢庆春节，共迎新年！"的标题字幕，并为其制作显示动画，以加强视觉效果，吸引观众注意，具体操作如下。

（1）将时间指示器移至00:00:32:19处，选择"文件"/"新建"/"旧版标题"命令，打开"新建字幕"对话框，保持默认设置，设置"名称"为"标题"，然后单击 确定 按钮，如图7-23所示，打开字幕设计器。

微课视频

输入并编辑标题字幕

（2）选择字幕设计器左侧的文字工具 T，在字幕工作区输入"欢庆春节，共迎新年！"文本，然后在下方的旧版标题样式栏中选择图7-24所示的标题样式。

图7-23 设置"新建字幕"对话框

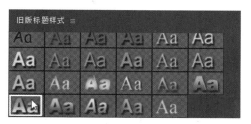

图7-24 选择标题样式

（3）在右侧的旧版标题属性栏中设置字体的系列、大小和字符间距分别为"方正汉真广标简体、170.0、10.0"，如图7-25所示。接着在下方的"填充"栏中选中"光泽"复选框，设置"颜色"为"#FFFFFF"，其他参数如图7-26所示，标题字幕的效果如图7-27所示。

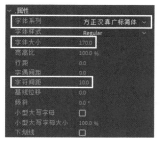

图7-25 设置文本的其他参数

图7-26 添加光泽

图7-27 标题字幕的效果

（4）设置好标题字幕后，单击字幕设计器右上角的"关闭"按钮 ✕，然后拖曳"项目"面板中的"标题"素材至时间指示器所在位置的V2轨道中，并调整出点，使其与V1轨道的"烟火表演.mp4"视频素材出点对齐。

（5）切换到"效果"工作区模式，依次展开"视频过渡""缩放"文件夹，然后拖曳"交叉缩放"效果至"标题"素材的入点处，标题字幕的显示动画效果如图7-28所示。

图7-28 标题字幕的显示动画效果

（6）添加背景音乐，并使其出点与V1轨道的"烟火表演.mp4"视频素材出点对齐，最后按【Ctrl+S】组合键保存文件。

设计素养

设计师要提升自身对传统文化的理解和传承意识，深入学习和研究传统文化来了解传统文化的起源、发展、影响和艺术形式，拓展自己的知识储备，以更好地理解其中蕴含的人文精神和美学理念，从而为当代设计注入更多文化内涵，推动传统文化在现代社会的传承与发展。

课堂练习

制作城市形象宣传片字幕

导入提供的素材，先将视频素材依次添加到序列中，并适当调整入点、出点和播放速度；然后利用"基本图形"面板和"文本"面板等添加字幕，并适当调整字幕的样式；再为标题字幕应用过渡效果，完成城市形象宣传片字幕的制作。本练习的参考效果如图7-29所示。

效果预览

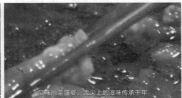

图7-29　城市形象宣传片字幕参考效果

> **素材位置：** 素材\项目7\城市素材\城市.mp4、火锅.mp4、交通.mp4、人群.mp4、夜晚.mp4、字幕.txt、背景音乐.mp3
>
> **效果位置：** 效果\项目7\城市形象宣传片.prproj

任务7.2　制作《电影知意》栏目包装

老洪查看了米拉为春节宣传片制作的字幕，认为效果不错，便让她开始制作《电影知意》栏目包装，并要求她利用动态图形制作出有创意的视频效果。

任务描述

任务背景	某电视台策划开展一档电影赏析栏目《电影知意》，以"走进光影世界，让电影更有深度"为主旨，致力于向观众提供全面而深入的电影解读，同时促进国内电影评论文化的发展和进步。现需设计师为该栏目制作一个具有独特魅力的包装，帮助栏目在竞争激烈的电视节目市场中脱颖而出
任务目标	① 制作分辨率为1920像素×1080像素、时长在15秒左右的栏目包装
	② 结合"电影"的主题，可绘制一个类似胶卷盘的图形，然后在视频开始处为其制作动画，吸引观众继续观看
	③ 在视频结尾处展示栏目主旨，并利用动态图形来增强视觉效果
知识要点	"基本图形"面板、矩形工具、椭圆工具、创建与编辑图形、应用动态图形模板

本任务的参考效果如图7-30所示。

效果预览

图7-30 《电影知意》栏目包装参考效果

素材位置： 素材\项目7\《电影知意》素材\放映机.mp4

效果位置： 效果\项目7\《电影知意》栏目包装.prproj

知识准备

为了制作出具有创意的动态图形，米拉准备先回顾创建图形的方法，然后再深入了解动态图形的制作技巧。

1. 创建图形

在 Premiere 中创建的图形可以分为规则图形和不规则图形，设计师可根据需要进行创建。在"基本图形"面板和字幕设计器中创建图形的方法与创建字幕类似，此处不再赘述。

（1）创建规则图形

选择矩形工具▣或椭圆工具◯，将鼠标指针移至"节目"面板中，按住鼠标左键不放并拖曳，可创建相应的图形，图 7-31 所示为创建矩形的效果。

图7-31 创建矩形

另外，在拖曳鼠标时按住【Shift】键不放，可创建正方形或正圆形；按住【Alt】键不放可以单击点为中心向外创建图形。

（2）创建不规则图形

选择钢笔工具✐，在"节目"面板中单击鼠标左键创建锚点，然后在其他位置继续单击鼠标左键创建新的锚点，此时会出现一条连接两个锚点的直线段，如图7-32所示。若需要绘制曲线段，可在创建锚点时，按住鼠标左键不放并拖曳鼠标，使直线段变为曲线段，如图7-33所示，且鼠标指针默认变为拖曳该锚点的控制柄，通过拖曳鼠标可调整曲线段的弧度。若需结束绘制，可将鼠标指针移至创建的第一个锚点上，鼠标指针变为▇形状，如图7-34所示，此时单击鼠标左键可闭合图形。

图7-32　绘制直线段

图7-33　绘制曲线段

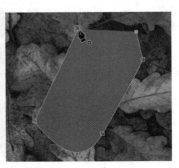
图7-34　闭合图形

知识补充

调整图形形状

创建好封闭图形后，设计师选择钢笔工具✏️，将鼠标指针移至图形边缘的线段上，单击鼠标左键可添加锚点；将鼠标指针移至锚点上，按住鼠标左键不放并拖曳鼠标可移动锚点位置；按住【Alt】键不放并单击锚点，可将锚点两侧的曲线段变为直线段；按住【Alt】键不放，拖曳锚点，可将锚点两侧的直线段变为曲线段；单击激活曲线段所在锚点后，可拖曳两侧的控制柄调整曲线段。

2. 制作动态图形

若要为创建的图形制作动画效果，可在"效果控件"面板中为相关属性添加关键帧，在"基本图形"面板中可根据视频内容的长度和分辨率自动调整关键帧的位置，以确保动态效果在不同的时间长度下保持良好的视觉效果，具体操作方法：选择"时间轴"面板中的图形（需确保在"基本图形"面板中未选中任何单个图层），"基本图形"面板的"编辑"选项卡中将会出现"响应式设计-时间"栏，如图7-35所示，可保留开场和结尾动画，创建滚动动画。

图7-35　"响应式设计-时间"栏

（1）保留开场和结尾动画

通过"开场持续时间"和"结尾持续时间"参数可设置图形的开始和结束时间，当图形的总体持续时间发生变化时，图形的开场和结尾动画不会受到影响。

（2）创建滚动动画

"滚动"可以为视频中的图形创建垂直移动的滚动效果，选中该复选框后，在其下方将会出现以下选项。

- **启动屏幕外：** 选中该复选框，可以使图形的滚动效果从屏幕外开始。
- **结束屏幕外：** 选中该复选框，可以使图形的滚动效果到屏幕外结束。
- **预卷：** 用于设置在动作开始之前使图形静止不动的帧数。

- **过卷：** 如果希望在动作结束后图形静止不动，可通过该参数设置图形在动作结束之后静止不动的帧数。
- **缓入：** 用于设置图形滚动的速度逐渐增加到正常播放速度，可通过该参数设置加速过渡的帧数，让滚动速度慢慢变大。
- **缓出：** 用于设置图形滚动的速度逐渐减小到静止不动，可通过该参数设置减速过程的帧数，让滚动速度慢慢变小。

3. 应用和导入动态图形模板

为了便于设计师高效地应用动态图形，Premiere提供了动态图形模板的功能，该模板可被重复使用或分享，文件后缀名为".mogrt"。

（1）应用动态图形模板

在"基本图形"面板中单击"浏览"选项卡，在其中可以浏览Premiere提供的动态图形模板，如图7-36所示。

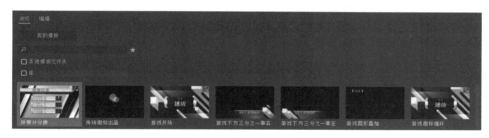

图7-36　动态图形模板

选择任意动态图形模板，直接将其拖曳到视频轨道中，可应用该模板。应用之后，可以在"编辑"选项卡或"效果控件"面板中调整该动态图形模板的参数，使其更符合设计需求。

（2）导入动态图形模板

在Premiere中还可以导入外部的动态图形模板，实现更丰富、更精彩的图形效果，主要可分为以下两种导入情况。

- **导入单个动态图形模板：** 单击"基本图形"面板中"浏览"选项卡底部的"安装动态图形模板"按钮 ，在打开的"打开"对话框中选择模板文件，然后单击 打开(O) 按钮，该模板将会自动添加到本地模板文件夹中。
- **导入整个动态图形模板文件夹：** 如果需要导入的动态图形模板较多，可选择导入整个动态图形模板所在的文件夹。具体操作方法：单击"基本图形"面板右上角的 按钮，在弹出的下拉菜单中选择"管理更多文件夹"命令，打开"管理更多文件夹"对话框，单击 添加 按钮，打开"选择文件夹"对话框，在其中选择文件夹后单击 选择文件夹 按钮，返回"管理更多文件夹"对话框，单击 确定 按钮。

如何将自己制作的动态图形存储为模板？

疑难解析

若设计师需要将做好的动态图形存储到计算机，或发送给他人使用，可在选择图形后，选择"文件"/"导出"/"动态图形模板"命令，打开"导出动态图形模板"对话框，在其中设置名称、目标、兼容性等参数，然后单击 确定 按钮。

🔧 任务实施

1. 创建与编辑图形

米拉准备将搜集的"放映机.mp4"素材作为栏目包装的开头，然后创建一个矩形作为背景，再创建多个正圆形模拟出胶片盘的形状，具体操作如下。

（1）新建名称为"《电影知意》栏目包装"的项目文件，然后导入"放映机.mp4"素材，基于该素材新建序列，并取消链接"放映机.mp4"素材的音频，再修改序列名称为"《电影知意》栏目包装"。

（2）将时间指示器移至00:00:06:00处，拖曳视频出点至该时间点。选择矩形工具▣，将鼠标指针移至"节目"面板中，按住鼠标左键不放并拖曳，绘制一个矩形。

（3）选择选择工具▶，将鼠标指针移至矩形左侧的控制点上，当鼠标指针变为◄◘▶形状时，按住鼠标左键不放并向左拖曳，使矩形左侧与画面左侧对齐，如图7-37所示。

图7-37　调整矩形边缘

（4）使用与步骤（3）相同的方法，分别调整矩形的另外3个边，使其与画面等大。打开"基本图形"面板，在"外观"栏中单击"填充"左侧的色块，打开"拾色器"对话框，设置"颜色"为"#CDBFB2"，然后单击 确定 按钮。

（5）选择图形，打开"Lumetr颜色"面板，展开"晕影"栏，设置"数量"为"-2.5"，制作出暗角效果。

（6）打开"效果"面板，依次展开"视频过渡""溶解"文件夹，拖曳"交叉溶解"效果至视频和图形的交界处，效果如图7-38所示，然后调整音频和图形的出点至00:00:14:00。

图7-38　应用"交叉溶解"过渡效果

（7）将时间指示器移至00:00:07:00处，选择椭圆工具◯，将鼠标指针移至"节目"面板中，按住【Shift】键的同时，按住鼠标左键不放并拖曳，绘制一个较大的正圆形，然后设置"填充"为"#303030"。绘制的图形默认在V2轨道中。

（8）使用椭圆工具◯在正圆形的左上角位置绘制一个小的正圆形，并设置"填充"为"#CDBFB2"，如图7-39所示。

（9）在"基本图形"面板的"编辑"栏中选择"形状02"图层（小的正圆形），然后在下方的"固定到"下拉列表中选择"形状01"选项（大的正圆形），再单击右侧位于中间的矩形，使周围都变为蓝色，如图7-40所示，使小圆能够跟随大圆改变位置。

（10）选择"形状02"图层，按【Ctrl+C】组合键复制，然后按5次【Ctrl+V】组合键粘贴，再使用选择工具▶在"节目"面板中分别调整所有小圆的位置，效果如图7-41所示。

图7-39 绘制小的正圆形

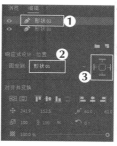

图7-40 设置固定位置

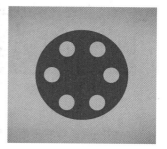

图7-41 复制小圆并调整位置

知识补充

对齐多个图形

当需要对齐多个图形时，设计师可以按住【Shift】键不放，单击选择需要对齐的图形，然后单击对齐按钮组中的按钮进行对齐。

2. 制作动态图形

米拉绘制出胶片盘后，便开始为它设计动态效果，然后再添加栏目名称文本，并应用过渡效果，具体操作如下。

微课视频

制作动态图形

（1）将时间指示器移至00:00:07:00处，选择V2轨道中的图形，打开"效果控件"面板，在"图形"栏中展开"形状01"文件夹，然后分别单击位置和旋转属性左侧的"切换动画"按钮☉，开启并添加关键帧。

（2）将时间指示器移至00:00:09:00处，先设置"旋转"为"270.0°"，然后使用选择工具▶在"节目"面板中将其向左拖曳，制作旋转和移动动画，效果如图7-42所示。

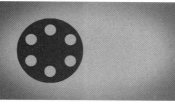

图7-42 制作旋转和移动动画

（3）将时间指示器移至00:00:08:12处，在"效果控件"面板的"视频"栏中开启并添加缩放属性的关键帧，然后在00:00:09:12处设置"缩放"为"65.0"，制作缩小动画。

（4）将时间指示器移至00:00:09:00处，在"基本图形"面板中单击"新建图层"按钮❐，在弹出的下拉菜单中选择"文本"命令，然后输入"电影知意"文本。

（5）在"基本图形"面板中先设置"字体"为"HYZongYiJ"，"字体大小"为"200"，然后在"外观"栏中选中"阴影"复选框，然后设置参数如图7-43所示，栏目名称文本效果如

图7-44所示。

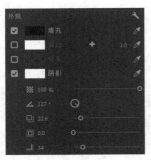

图7-43　添加阴影

图7-44　栏目名称文本效果

（6）在"效果"面板中拖曳"擦除"文件夹中的"插入"效果至文本的入点处，然后在"效果控件"面板中设置该效果的"持续时间"为"00:00:02:00"，栏目名称文本的动画效果如图7-45所示。

图7-45　栏目名称文本的动画效果

3. 应用动态图形模板

微课视频
应用动态图形模板

米拉准备应用动态图形模板来展示栏目的主旨，并修改文本的样式，增强文本的投影效果，具体操作如下。

（1）新建V4轨道，将时间指示器移至00:00:11:00处，在"基本图形"面板中单击"浏览"选项卡，选择"影片下方三分之一靠右两行"模板，将其拖曳至时间指示器所在位置。

（2）选择剃刀工具，将鼠标指针移至V4轨道上，与其他轨道的出点对齐，然后分割该动态图形模板，再按【Delete】键删除后半部分，如图7-46所示。

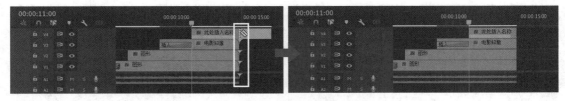

图7-46　分割并删除动态图形模板的后半部分

（3）将时间指示器移至00:00:12:12处，使画面右下方的文本完全显示，然后使用选择工具分别单击文本，并修改为"走进光影世界"和"让电影更有深度"。在"响应式设计-位置"栏中取消固定位置，适当调整文本的大小和位置，再修改阴影参数如图7-47所示，文本的前后对比效果如图7-48所示。预览动态图形模板的效果，如图7-49所示。

（4）预览最终效果，如图7-50所示，最后按【Ctrl+S】组合键保存文件。

图7-47　修改阴影参数

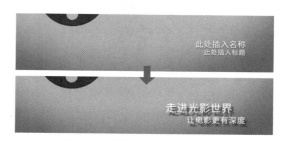

图7-48　文本的前后对比效果

图7-49　预览动态图形模板的效果

图7-50　《电影知意》栏目包装最终效果

课堂练习

制作《云其新闻》栏目包装

导入提供的素材，先添加视频素材到"时间轴"面板中，适当调整入点和出点，并应用过渡效果，然后创建矩形作为字幕背景，再将矩形制作为动态图形，最后应用动态图形模板，修改模板中的文本内容并调整文本样式、位置及大小，完成《云其新闻》栏目包装的制作。本练习的参考效果如图7-51所示。

效果预览

图7-51　《云其新闻》栏目包装参考效果

素材位置： 素材\项目7\《云其新闻》素材\穿梭云层.mp4、蓝天白云.mp4
效果位置： 效果\项目7\《云其新闻》栏目包装.prproj

综合实战　制作《反对浪费，厉行节约》短片

　　通过两个任务的制作，米拉在视频编辑中运用字幕和图形方面的能力均有一定的提升，于是老洪准备考核米拉综合运用字幕和图形的能力，将制作《反对浪费，厉行节约》短片的任务交给她，要求她结合字幕和图形等进行制作。

 实战描述

实战背景	为了进一步普及节约意识，引起社会对粮食浪费问题的关注，倡导节约粮食的行动，某公益组织决定制作一部名为《反对浪费，厉行节约》的短片，通过情感共鸣和启发思考的方式，使观众深刻认识到粮食的来之不易，参与到节约粮食的行动中，进而改变个人的消费观念和行为习惯。现需设计师根据提供的视频、文本素材，搭配合适的背景音乐制作短片
实战目标	① 制作分辨率为1920像素×1080像素、时长为40秒左右的短片
	② 字幕文案简洁明了，旨在突出节约粮食的重要性，呼吁观众从个人做起，共同保护宝贵的粮食资源
	③ 可利用动态图形加强主题字幕的展示效果，强化短片的主题
知识要点	"基本图形"面板、字幕设计器、矩形工具

　　本实战的参考效果如图7-52所示。

效果预览

图7-52　《反对浪费，厉行节约》短片参考效果

素材位置： 素材\项目7\《反对浪费，厉行节约》素材\随风飘扬的稻穗.mp4、轻拂稻穗.mp4、大米.mp4、米饭.mp4、字幕.txt、背景音乐.mp3
效果位置： 效果\项目7\《反对浪费，厉行节约》短片.prproj

思路及步骤

在制作本案例时，设计师可以按照从稻穗到米饭的生产过程剪辑视频素材，并为视频片段制作流畅的过渡效果，然后添加舒缓的背景音乐并调整其出点，接着利用"文本"面板添加字幕，并调整为统一的样式，再在视频结尾处输入"反对浪费，厉行节约"文本，并为其制作显示动画来加强视频主题的体现，最后在文本周围创建动态图形，使视频画面更加丰富。本例的制作思路如图7-53所示，参考步骤如下。

① 剪辑素材并应用过渡效果

② 创建字幕并调整文本样式

 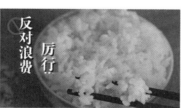 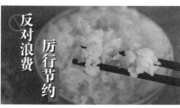

③ 为主题字幕制作显示动画并添加动态图形

图7-53 制作《反对浪费，厉行节约》短片的思路

（1）新建项目，导入所有素材，基于视频素材新建序列，并修改序列名称。

（2）将其余的视频和音频素材都拖曳至序列中，适当进行剪辑，然后在视频之间应用过渡效果。

（3）在"文本"面板中添加多个字幕，然后在"基本图形"面板中调整文本样式，再存储该样式并应用到所有字幕文本中。

（4）输入主题字幕并调整文本样式，然后为文本制作显示动画。

（5）在文本下方创建与美化图形，然后利用不透明度和缩放属性为图形制作动画效果，最后按【Ctrl+S】组合键保存文件。

微课视频

制作《反对浪费，厉行节约》短片

课后练习 制作《绿植的力量》短片

效果预览

　　绿色植物被称为改善室内和室外环境质量的有效方式之一，它们能够吸收二氧化碳、释放氧气，并过滤空气中的有害物质，提供清新的空气和舒适的氛围。某环保组织准备制作一个传播绿色环保理念的短片《绿植的力量》，引发人们对环保的思考。现需设计师利用3段有关绿植的视频素材制作该短片，分辨率要求为1920像素×1080像素，时长为30秒左右。设计师需要先剪辑视频素材，然后添加字幕并设置文本样式，接着利用动态图形模板制作标题文本的展示动画，再添加背景音乐，最终制作出有感染力的短片，参考效果如图7-54所示。

图7-54 《绿植的力量》短片参考效果

素材位置： 素材\项目7\《绿植的力量》素材\手捧植物.mp4、植物.mp4、雨水打在植物上.mp4、字幕.txt、背景音乐.mp3
效果位置： 效果\项目7\《绿植的力量》短片.prproj

项目8
处理音频

情景描述

　　近期公司大部分设计项目制作处于收尾阶段，有一部分项目还没有添加或处理音频，老洪将这些视频任务安排给米拉，同时告诉她："音频在视频中起着至关重要的作用，可以渲染视觉无法表达的氛围。音频不仅能够传达信息和情感，还可以增强视频的吸引力、感染力和表现力，从而提升观众的参与感和观看体验。"

学习目标

知识目标	● 熟悉音频的常用术语 ● 掌握调整音频的基本操作 ● 掌握应用音频效果和音频过渡的方法
素养目标	● 通过把控音频质量和效果，提升对声音的感知力 ● 培养团队合作精神，增强协作意识

任务8.1 为美食视频添加背景音乐和配音

老洪将美食视频交给米拉，告诉她该视频已由其他同事完成剪辑并添加了字幕，目前只需要她添加背景音乐和配音，在处理音频时需要格外注意声音的清晰度和质量。

🔍 任务描述

任务背景	某视频号专注于科普各地美食，向观众分享美食文化，让观众能够近距离了解不同地区的传统美食。近期，该视频号准备发布有关水煮鱼片的美食视频，现需设计师剪辑美食视频素材，并添加字幕、背景音乐和配音，以增强视频的表现力
任务目标	① 制作分辨率为1920像素×1080像素、时长在30秒以内的视频
	② 选择较为欢快的背景音乐，并制作淡入淡出效果，使音乐的变化更加柔和、自然
	③ 根据文本内容添加配音并进行优化，为观众提供更加丰富的视听体验
知识要点	调整音频音量、"基本声音"面板、"音频仪表"面板

本任务的参考效果如图8-1所示。

图8-1 美食视频参考效果

素材位置： 素材\项目8\美食素材\美食视频.mp4、背景音乐.mp3、配音.mp3
效果位置： 效果\项目8\美食视频.prproj

📦 知识准备

老洪先考查了米拉有关音频处理的几个知识，发现她在音频方面的基础知识较为薄弱，因此建议她先熟悉音频中的常用术语，再进行音频的相关操作。

1. 音频中的常用术语

在Premiere中处理音频之前，需要对音频的常用术语有一定的了解，便于后续操作。

（1）采样频率

采样频率又称取样频率，是将模拟的声音波形转换为音频时，每秒钟抽取声波幅度样本的次数。采样频率越高，经过离散数字化的声波越接近其原始波形，所需的信息存储量越多，这就意味着音频的保真度越高，音频的质量也越好。目前通用的标准采样频率有11.025kHz、22.05kHz、44.1kHz等。

（2）量化位数

量化位数又称取样大小，是每个采样点能够表示的数据范围。如8位量化位数可以表示为2^8，即256个不同的量化值；16位量化位数可表示为2^{16}，即65536个不同的量化值。

量化位数的大小决定了音频的动态范围，即被记录和重放的音频最高值与最低值之间的差值。量化位数越高，音频质量越好，数据量也越大。在实际工作中，经常需要在波形文件的大小和音频回放质量之间进行权衡。

（3）声道数

声道是指在录制或播放声音时，在不同空间位置采集或回放的相互独立的音频信号，而声道数是录制时的音源数量或回放时相应的扬声器数量。

2.　认识音频轨道

按【Ctrl+N】组合键，打开"新建序列"对话框，在"轨道"选项卡中，设计师除了可以设置序列中的音频轨道数量外，还可以单独设置混合轨道（"时间轴"面板中所有音频输出的合集）和单个音频轨道的参数，如图8-2所示。

图8-2　"新建序列"对话框的"轨道"选项卡

Premiere中可设置的音频轨道类型有以下几种。

- **标准：** 标准是替代旧版本的立体声音轨，可以同时进行单声道和立体声音频剪辑。
- **5.1声道：** 5.1声道包含了中央声道、前置左声道、后置左环绕声道、后置右环绕声道，以及通向低音炮扬声器的低频效果音频声道。在5.1声道中，只能添加5.1音频素材。
- **自适应：** 自适应可以进行单声道和立体声音频剪辑，并且能实际控制每个音频轨道的输出方式，常用于处理摄像机录制的多个音轨音频。
- **单声道：** 单声道是一条音频声道。将立体声音频素材添加到单声道轨道中，立体声音频通道将汇总为单声道。
- **立体声：** 立体声是通过两个或更多声道来模拟人耳对声音方向和距离的感知，以达到更真实、更立体的听觉效果。
- **子混合：** 子混合是输出轨道的合并信号，或轨道向它发送的信号。子混合声道可用于管理混音和效果。

疑难解析

新建序列之后还能修改音频轨道的参数设置吗？

在完成序列的创建后，音频轨道的参数设置将无法改变，若需要更改，设计师可以新建另一个序列，重新设置相关参数，再复制原序列中的素材到新序列中。

3.调整音频音量和增益

在Premiere中,音量是指音频素材的输出音量,而音频增益是指音频素材的输入音量,这两个音频的参数都会影响到音频素材的最终效果。

(1)调整音量

常用的调整音频音量的方法有以下两种。

- **通过"效果控件"面板:**在"时间轴"面板中选择音频后,打开"效果控件"面板,展开"音频"效果属性中的"音量"栏,可设置"级别"参数来调节所选音频素材的音量大小。
- **通过"时间轴"面板:**在"时间轴"面板中添加音频后,双击音频轨道左侧的空白处,将放大音频轨道,并且轨道上会出现一条白色的线,此时选择选择工具▶,将鼠标指针移至白线处,鼠标指针变为⬆形状时,按住鼠标左键不放并向上拖曳白线可提高音量,向下拖曳白线可降低音量。图8-3所示为提高音量的效果。

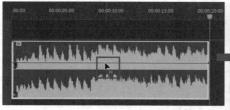

图8-3 提高音量的效果

知识补充

使用快捷键调整音频的音量

选择音频后,按【 [】键可将音量减少1dB,按【] 】键可将音量增加1dB,按【Shift+[】组合键可将音量减少6dB,按【Shift+] 】组合键可将音量增加6dB。

(2)调整增益

选择音频后,选择"剪辑"/"音频选项"/"音频增益"命令,打开"音频增益"对话框,如图8-4所示。

- **将增益设置为:**默认值为0dB,选中该单选项可允许设计师为增益设置某一特定值。
- **调整增益值:**默认值为0dB,选中该单选项可允许设计师将增益调大或调小。如果输入非零值,"将增益设置为"值会自动更新,以反映应用于该音频的实际增益值。

图8-4 "音频增益"对话框

- **标准化最大峰值为:**默认值为0dB,选中该单选项可将选定剪辑的最大峰值调整为设计师指定的值,设计师可以将此值设置为低于0dB的任何值。
- **标准化所有峰值为:**默认值为0dB,选中该单选项可将选定音频的所有峰值调整为设计师指定的值,设计师可以将此值设置为低于0dB的任何值。

4.处理音频常用的面板

若需要仔细处理音频,可将工作区切换为"音频"模式,其中常用的面板有以下4个。

(1)"音轨混合器"面板

在该面板中可以混合多个轨道的音频素材,还可录制声音和分离音频等,如图8-5所示。

- **"显示/隐藏效果与发送"按钮**▶：单击该按钮，将展开"效果设置"面板，单击█按钮，可在弹出的下拉菜单中为轨道应用音频特效。这些音频特效与效果面板的"音频效果"文件夹中的特效完全相同，不同的是，在"音轨混合器"面板中应用音频特效是应用在轨道中，而不是应用在轨道中的某个音频素材上。

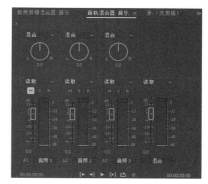

图8-5　"音轨混合器"面板

- **"左/右平衡"旋钮组**：用于控制单声道轨道的级别，即声音的平衡参数。声音调节滑轮中将显示出"L"和"R"，逆时针拖曳滑轮，可将声音输出到左声道，增大左声道的音量；顺时针拖曳滑轮，可将声音输出到右声道，增大右声道的音量。在声音调节滑轮下方的数值上单击并拖曳鼠标，也可以调整声音的平衡参数。

- **自动模式**▐读取▐：在该下拉列表中可选择不同的音频控制方法，包括"关""读取""闭锁""触动""写入"5个选项。

- **音量调节滑块**：用于调节当前轨道中音频对象的音量，在滑块下方将实时显示出当前轨道的音量，其单位为dB（分贝）。向上拖曳音量调节滑块，将增大轨道的音量；向下拖曳音量调节滑块，将减小轨道的音量。

- **播放控制栏**：用于控制音频的播放状态，包括"转到入点"▐◀、"转到出点"▶▐、"播放–停止切换"▶、"从入点到出点播放视频"▐▶▐、"循环"▐、"录制"█6个按钮。

（2）"音频剪辑混合器"面板

通过该面板可以对音频轨道中的音频素材进行音量调控，其中每条轨道与"时间轴"面板中的音频轨道相对应，但没有混合音频轨道，如图8-6所示。

在"音频剪辑混合器"面板中可以拖曳音量调节滑块快速控制素材的音量，或者在"左/右平衡"旋钮组中改变音频的声道效果，其操作方法与"音轨混合器"面板中的操作大致相同。

（3）"音频仪表"面板

该面板用于显示时间线上所有音频轨道混合而成的主声道的音量大小，当主声道音量超出安全范围时，在柱状的音频仪表顶端会显示红色警告，设计师可以及时调整音频音量，避免损伤音频设备，如图8-7所示。

（4）"基本声音"面板

该面板提供了混合音频技术和修复音频的一整套工具集，如图8-8所示。设计师可在"预设"下拉列表中可选择针对对话、音乐、SFX、环境4种不同音频类型的多个预设效果，也可在下方单击类型对应的按钮后，进入相应选项卡中设置相关参数。

图8-6　"音频剪辑混合器"面板

图8-7　"音频仪表"面板

图8-8　"基本声音"面板

- **对话：** 在"对话"选项卡中可通过"响度"选项让所有内容具有统一的初始响度；通过"修复"选项消除或减少声音中的各种异常，如隆隆声、嗡嗡声、锯齿音等；通过"透明度"选项提高对话轨道的清晰度，以达到突出强调的效果；通过"创意"选项中的创意预设将处理后的人声快速应用到特定场景，如房间、大厅等，使音频与视频环境融为一体；通过"剪辑音量"选项调整音量大小。
- **音乐：** 在"音乐"选项卡中同样可以使用自动匹配响度，同时还具有音乐变速和自动回避功能（根据另一个音频的音量来降低本音频的音量）。
- **SFX（Special Effects，特殊效果）：** 在"SFX"选项卡中不仅可以像"对话"选项卡一样设置响度和创意，还可以使声音匹配视频中相应的发声位置。
- **环境：** "环境"选项卡像"SFX"选项一样，都可以设置响度和创意，常用于提升真实感，如田野上的风声、森林中的鸟叫声等，营造出环境氛围感。其中"立体声宽度"选项可用于调整左右声道之间的差距，让音频听起来更立体且宽广或狭窄且集中。

⚒ 任务实施

1. 添加音频并调整播放速度和时长

微课视频

添加音频并调整
播放速度和时长

米拉在素材库中找到了符合需求的背景音乐，但听起来较为平缓，欢快的氛围感不强，因此她准备调整播放速度和时长，具体操作如下。

（1）新建名称为"美食视频"的项目文件，然后导入所有素材，基于"美食视频.mp4"素材新建序列。

（2）在"时间轴"面板中选择视频素材，单击鼠标右键，在弹出的快捷菜单中选择"取消链接"命令，然后单独选择该素材的音频，按【Delete】键删除。

（3）拖曳"背景音乐.mp3"素材至A1轨道，在其上单击鼠标右键，在弹出的快捷菜单中选择"速度/持续时间"命令，打开"剪辑速度/持续时间"对话框，在其中设置"速度"为"90%"，选中"保持音频音调"复选框，然后单击 确定 按钮，如图8-9所示。

（4）将时间指示器移至V1轨道的出点处，然后使用剃刀工具 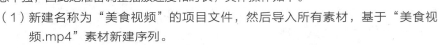 在该处分割音频素材，再单独选中时间指示器右侧的音频，按【Delete】键删除，如图8-10所示。

图8-9 调整音频播放速度

图8-10 删除部分音频

2. 调整音量并制作淡入淡出效果

微课视频

调整音量并制作
淡入淡出效果

米拉试听了背景音乐，发现音量过高，因此准备适当降低音量，再利用关键帧制作淡入淡出效果，具体操作如下。

（1）将时间指示器移至00:00:00:00处，按【Space】键预览音频效果，同时在右侧的"音频仪表"面板中查看音量，可发现顶端显示红色警告，主声道音量超出安全范围，如图8-11所示。

（2）选择音频素材，在"效果控件"面板中设置"级别"为"-12.0dB"，可发现音频音量已经降低，如图8-12所示。

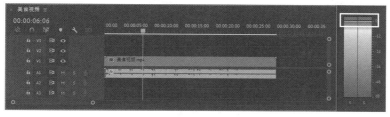
图8-11　预览音频效果

图8-12　降低音频音量

（3）在步骤（2）中修改级别参数后，将默认在00:00:00:00处添加一个关键帧，分别将时间指示器移至00:00:05:00、00:00:23:02和00:00:28:02处，单击级别参数右侧的■按钮，添加关键帧，如图8-13所示。

（4）在00:00:00:00和00:00:28:02处修改"级别"为"-20.0dB"，使音量在视频起始处逐渐变大，在视频结尾处逐渐变小。双击音频轨道左侧的空白处，可放大音频轨道，通过白色线条查看音频的淡入淡出效果，如图8-14所示。

图8-13　添加关键帧

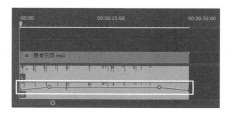
图8-14　查看音频的淡入淡出效果

3. 优化配音效果

微 课 视 频

优化配音效果

米拉请技术部的同事根据字幕文本制作了配音音频，为了让配音与视频更加贴合，米拉听从老洪的建议，决定使用"基本声音"面板中的预设优化配音效果，具体操作如下。

（1）拖曳"配音.mp3"素材至A2轨道，调整出点，使其与其他轨道中的素材出点对齐。

（2）打开"基本声音"面板，单击■对话按钮，然后在"预设"下拉列表中选择"拍摄特写"选项，如图8-15所示。

（3）在下方的"透明度"栏中，设置"预设"为"旧电台"，"数量"为"3.0"，如图8-16所示，最后按【Ctrl+S】组合键保存文件。

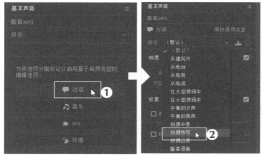
图8-15　选择预设效果

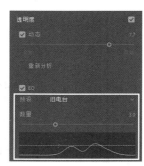
图8-16　设置"透明度"

效果预览

为台灯视频添加背景音乐和配音

导入提供的素材，先添加视频素材到"时间轴"面板中，适当调

导入提供的素材，再为视频素材添加背景音乐，然后利用关键帧制作

淡入淡出效果，再添加配音素材，利用"基本声音"面板优化音频效

课堂练习 果，完成台灯视频背景音乐和配音的添加，本练习的参考效果如图8-17所示。

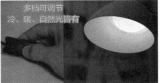

图8-17　台灯视频参考效果

素材位置： 素材\项目8\台灯素材\台灯视频.mp4、背景音乐.mp3、配音.mp3

效果位置： 效果\项目8\台灯视频.prproj

任务8.2　为森林视频制作回音效果

通过为美食视频添加背景音乐和配音，米拉熟练掌握了音频处理的基本操作，于是老洪便交给她新
的任务，在这个任务中，客户提供的森林视频中的原始声音效果不佳，因此需要单独为其制作适合森林
场景的音频。

任务描述

任务背景	某自然纪录片聚焦于地球的生物多样性，以展示自然界的壮丽景观和动物的日常生活为主要内容。现自然纪录片的制作团队拍摄了一组森林的视频，但其中某一个视频素材的收音出现了问题，导致整体效果不佳，因此需要设计师单独为其制作音频，增强森林广阔清幽的氛围感
任务目标	① 制作分辨率为1920像素×1080像素、时长为6秒左右的视频
	② 在森林中可能会出现由动物叫声的回音，因此需要模拟出回音效果
	③ 模拟声音的淡入和淡出，制作更为自然的过渡效果
知识要点	"延迟"效果、"恒定功率"效果

本任务的参考效果如图8-18所示。

效果预览

图8-18　森林视频参考效果

素材位置： 素材\项目8\森林素材\森林.mp4、山谷音频.wma

效果位置： 效果\项目8\森林视频.prproj

🎁 知识准备

Premiere提供了音频效果组和音频过渡效果组，由于效果组内效果种类较多，米拉准备先仔细研究不同效果的具体作用，以便在后续处理音频时更加得心应手。

1. 音频效果组

音频效果组主要用于调节音频的各种属性，改变或增强视频素材中的音频部分。在"效果"面板中展开"音频效果"文件夹，其中有多种音频效果供设计师选择，它们可以用来改善声音的质量、增加音频效果、修复录音中的问题，以及创造各种音频创意效果。下面介绍部分常用的音频效果。

- **吉他套件：** 该音频效果可以模拟吉他套件的效果。
- **多功能延迟：** 该音频效果可以利用延迟产生回音。
- **多频段压缩器：** 该音频效果可以制作较为柔和的音频效果。
- **模拟延迟：** 该音频效果可以模拟不同样式的回音。
- **带通：** 该音频效果可移除音频中的噪声。
- **降噪：** 该音频效果可以降低或消除各种噪声。
- **低通：** 该音频效果可以移除高于指定频率的频率，使音频产生浑厚的低音效果。
- **低音：** 该音频效果可以调整音频中的重音部分。
- **卷积混响：** 该音频效果可以制作混响的效果。
- **互换声道：** 该音频效果可以交换立体声轨道中的左声道和右声道。
- **人声增强：** 该音频效果可以增强不同类型的声音效果。
- **反相：** 该音频效果可以反转每个声道的音频相位。
- **和声/镶边：** 该音频效果可以产生一个与原始音频相同的音频，并附带一定的延迟与原始音频混合，产生一种和声效果。
- **通道音量：** 该音频效果可以调整声道的音量，如立体声、5.1素材或其他轨道的声道音量。
- **室内混响：** 该音频效果可以产生类似于室内的音响效果，可以在电子声音中加入有人群氛围的声音。
- **延迟：** 该音频效果可以为音频制作回音效果。
- **母带处理：** 该音频效果可以模拟各种声音场景。
- **消除齿音：** 该音频效果可以消除音频中的齿音。
- **消除嗡嗡声：** 该音频效果可消除音频中某一范围内的嗡嗡声。
- **环绕声混响：** 该音频效果可以模仿环绕的音响效果，增加音频氛围感。
- **移相器：** 该音频效果可以对音频中的一部分频率进行相位反转操作，并与原始音频混合。
- **高通：** 该音频效果可以清除截止频率以下的频率，使音频产生清脆的高音效果。
- **高音：** 该音频效果可以调整4000Hz及更高的频率，在"效果控件"面板的"提升"选项中可以设置调整的效果。

2. 音频过渡效果组

在"效果控件"面板中展开"音频过渡"文件夹，只包括一个交叉淡化效果组。该效果组主要用于制作两个音频素材间的流畅切换效果，也可放在音频素材之前创建音频淡入的效果，或放在音频素材之后创建音频淡出的效果。该效果组内又包括以下3种过渡效果。

- **恒定功率：** 该效果在音频之间提供平滑的过渡，它会根据时间线上的持续时间线性地降低或提高音频信号的音量。
- **恒定增益：** 该效果可以将音频的音量平滑地从一个剪辑过渡到另一个剪辑。与"恒定功率"效果不同，该效果在整个过渡期间都保持恒定的增益（音量），音频之间音量的变化是线性的，没有加速或减速的过程。
- **指数淡化：** 该效果可以通过应用对数函数来改变音频的音量，在过渡期间逐渐改变音频的音量，创造出类似于音量曲线的效果。

🛠 任务实施

1. 应用音频效果

米拉仔细研究了多种音频效果的原理，最终决定使用"延迟"效果来模拟山谷回音，具体操作如下。

微 课 视 频

应用音频效果

（1）新建名称为"森林视频"的项目文件，然后导入所有素材，基于"森林.mp4"素材新建序列。

（2）选择"森林.mp4"素材，取消链接该素材的音频，再删除该音频。

（3）拖曳"山谷音频.wma"素材至A1轨道，并使其入点与起始点对齐，然后试听音频，可发现该音频前一段为鸟叫声，后一段为音乐，因此在00:00:03:00处使用剃刀工具 分割音频素材，删除后一段素材后，再修改前一段素材的"持续时间"为"00:00:06:00"，如图8-19所示。

（4）在"效果"面板中展开"音频效果"文件夹，展开"延迟与回声"文件夹，拖曳"延迟"效果至音频素材上，然后在"效果控件"面板中设置"延迟"为"0.500秒"，如图8-20所示。

图8-19　分割音频素材并调整持续时间　　　　　图8-20　设置"延迟"参数

2. 应用音频过渡效果

米拉试听了音频效果，发现音频的开始和结束处较为突兀，因此准备在音频素材的首尾处应用音频过渡效果，使其更加自然，具体操作如下。

微 课 视 频

应用音频过渡效果

（1）在"效果"面板中依次展开"音频过渡""交叉淡化"文件夹，分别拖曳"恒定功率"效果至音频素材的开始和结束位置，如图8-21所示。

（2）在"效果控件"面板中设置两个"恒定功率"效果的"持续时间"均为"00:00:01:12"，如图8-22所示，最后按【Ctrl+S】组合键保存文件。

图8-21　应用两次音频过渡效果　　　　　　　　图8-22　设置音频过渡效果持续时间

设计素养

　　为了更好地处理音频效果，设计师应当具备良好的视听素养，能够准确地感知声音的节奏、音调、音量、音色等特性，并将这些特性与视频内容相匹配，使音频与视频之间的搭配更加协调、自然。同时还需要通过不断地训练和调试，提高对声音的敏感度和分辨能力，并掌握一些基本的音频处理工具和技巧。

课堂练习

为烧烤视频中的音频降噪

— 效果预览 —

　　导入提供的视频素材，先试听其中的音频，然后选择合适的音频效果并减少其中的噪声和嗡鸣声，尽量保留音频中"滋滋"的烧烤声。本练习的参考效果如图8-23所示。

图8-23　烧烤视频参考效果

素材位置： 素材\项目8\烧烤视频.mp4
效果位置： 效果\项目8\烧烤视频.prproj

 综合实战　制作汤圆短视频

　　老洪评估了米拉在音频处理方面的能力后，便将公司刚收到的新任务——制作汤圆短视频交给米拉，要求她在剪辑好视频素材后，为其添加背景音乐、音效、配音和字幕，并利用相关知识处理音频，以得到高质量的成品。

实战描述

实战背景	临近元宵节，某美食博主为促进人们了解中国传统文化和美食，拍摄了一组制作汤圆的视频，准备制作成短视频发布在各平台的账号上。设计师需要利用该博主提供的视频素材制作汤圆短视频，并在短视频中讲解汤圆的由来、寓意等

实战目标	① 制作分辨率为1920像素×1080像素、时长为30秒左右的视频
	② 添加较为舒缓的背景音乐，以及具有趣味性的音效，优化视频效果
	③ 为视频添加包含汤圆相关知识的配音，同时搭配简洁明了的字幕，让观众更好地理解视频内容
知识要点	调整音量、"基本声音"面板、音频效果组、音频过渡效果组

本实战的参考效果如图8-24所示。

— 效 果 预 览 —

图8-24 汤圆短视频参考效果

素材位置： 素材\项目8\汤圆制作素材\和面.mp4、包汤圆.mp4、煮汤圆.mp4、展示汤圆.mp4、咬开汤圆.mp4、背景音乐.mp3、钟表声.wav、配音.mp3、字幕.txt

效果位置： 效果\项目8\汤圆短视频.prproj

 思路及步骤

在制作本案例时，设计师可以先剪辑视频素材，然后为背景音乐制作淡入淡出的效果，接着为煮汤圆的视频画面添加音效，并制作混响效果，加强表现力，再添加介绍汤圆的配音，通过"基本声音"面板进行优化，最后根据配音内容添加并调整字幕。本例的制作思路如图8-25所示，参考步骤如下。

① 剪辑视频素材

② 添加并调整背景音乐和音效

③ 添加并优化配音音频和字幕

图8-25 制作汤圆短视频的思路

（1）新建项目，导入所有素材，基于视频素材新建序列，同时修改序列名称。

（2）将视频素材都拖曳至V1轨道中，剪辑视频素材并应用过渡效果。

（3）添加背景音乐和音效，利用音频效果进行调整。

（4）添加配音，在"基本声音"面板中选择预设并进行优化。

（5）添加字幕，并根据配音时长调整每段字幕的时长，最后按【Ctrl+S】组合键保存文件。

微课视频
制作汤圆短视频

 课后练习 制作油菜花基地短视频

效果预览

某油菜花基地为了吸引更多游客前来参观，准备在官方账号中发布相关的短视频，分辨率要求为1920像素×1080像素，时长小于40秒。设计师需要先剪辑视频素材，然后添加背景音乐、鸟叫声和配音，并综合利用各种面板和效果组优化音频，最后再根据配音添加与调整字幕，参考效果如图8-26所示。

油菜花基地广袤而丰饶

漫步其中

体味生命的美好与丰盈

图8-26 油菜花基地短视频参考效果

素材位置： 素材\项目8\油菜花基地素材\视频1.mp4、视频2.mp4、视频3.mp4、背景音乐.wav、鸟叫.wav、配音.mp3、字幕.txt

效果位置： 效果\项目8\油菜花基地短视频.prproj

项目9
抠像与合成

情景描述

　　午休间隙，米拉正在跟同事感叹电影中令人惊叹的特效，老洪听到后便对她说道："在Premiere中，利用抠像与合成技术可以制作出非常逼真的特效，不仅可以节省拍摄成本，还可以创造出无限的想象空间。正好我这里有几个需要运用到抠像与合成的视频制作任务，既然你对这项技术还比较感兴趣，那便交予你负责了。"

　　米拉听到后，便开始深入了解在Premiere中如何快速且高效地进行抠像与合成。

学习目标

知识目标	● 掌握使用键控效果组抠像的方法 ● 掌握使用混合模式合成视频的方法 ● 掌握使用蒙版抠像的方法
素养目标	● 培养细心和耐心的品质，注重视频编辑过程中的细节 ● 养成自主学习和持续进步的意识，提高自身竞争力

任务9.1　制作古镇宣传片

米拉收到古镇宣传片的任务资料后，先在网上搜寻了该古镇的相关信息，了解其拥有悠久的历史和文化底蕴，便准备利用键控效果组来制作水墨风格的宣传片，与古镇古典的风格适配。

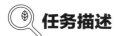 **任务描述**

任务背景	为了进一步提升同里古镇的知名度，当地宣传部门决定为该古镇制作一部宣传片，以吸引更多的游客前来旅游观光，促进当地旅游经济的发展。现需设计师利用拍摄的古镇视频进行制作，让更多游客了解这座古老而又有魅力的小镇
任务目标	① 制作分辨率为1920像素×1080像素、时长为30秒左右的宣传片
	② 采用水墨风格展示古镇的建筑、风景等，为观众营造古朴的氛围
	③ 添加用于宣传的文本，采用具有书法特征的字体，并制作水墨晕染的文本背景，为视频画面增添文化韵味
知识要点	"轨道遮罩"效果、"颜色键"效果、"非红色键"效果、"更改为颜色"效果、嵌套序列

本任务的参考效果如图9-1所示。

图9-1　古镇宣传片参考效果

素材位置： 素材\项目9\古镇素材\古镇1.mp4、古镇2.mp4、古镇3.mp4、水墨滴落散开.mp4、水墨晕染.mp4、毛笔效果.mov、下雨.mp4、印章.png、背景音乐.mp3

效果位置： 效果\项目9\古镇宣传片.prproj

知识准备

在开始制作任务之前，老洪告诉米拉，要想利用键控效果组抠取视频画面，除了要熟悉抠像与合成的原理，还需要进一步掌握每个效果的具体作用以及操作技巧。

1. 抠像与合成的原理

在视频编辑中，抠像是指以视频画面中的某种颜色作为透明色，将其从画面中抠去，只保留主体物；

而合成是指将两个或两个以上的视频组合在一起，形成多个视频画面叠加混合的效果，从而制作出效果
更丰富的视频作品。

2. 常用的键控效果

通过键控效果组可以选择视频画面中具有特定亮度或颜色的像素来指定画面中的哪些区域变为透明，
从而达到抠像的目的。常用的键控效果有以下几种。

（1）"亮度键"效果

"亮度键"效果能够将视频画面中的较暗区域设置为透明，并保持
颜色的色调和饱和度不变，可以有效去除视频画面中较暗的区域，适
用于明暗对比强烈的视频画面。应用该效果后，可以在"效果控件"
面板（见图9-2）中通过"阈值"参数来调整较暗区域的范围，通过
"屏蔽度"参数来控制其透明度。

图9-2 "亮度键"效果参数

（2）"图像遮罩键"效果

"图像遮罩键"效果能够将图像以底纹的形式叠加到视频画面中。
在应用该效果时，与遮罩白色区域对应的区域不透明，与遮罩黑色区
域对应的区域透明，与遮罩灰色区域对应的区域半透明。应用该效果
后的"效果控件"面板如图9-3所示。

图9-3 "图像遮罩键"效果参数

- **"设置"按钮**：单击该按钮，打开"选择遮罩图像"对话框，在其中选择需要设置为底纹的
  图像，该图像将决定最终的显示效果。
- **合成使用**：用于指定创建复合效果的遮罩方式，可以选择"Alpha遮罩"或"亮度遮罩"选项。
- **反向**：选中该复选框，可使遮罩反向。

（3）"移除遮罩"效果

"移除遮罩"效果能够将应用蒙版的素材所产生的白色区域或黑色区域彻底移除。应用该效果后，可
以在"效果控件"面板中选择要移除的颜色。

（4）"超级键"效果

"超级键"效果能指定一种特定或相似的颜色遮盖素材，然后设置
其透明度、高光、阴影等参数进行合成，也可以使用该效果修改素材
中的色彩。应用该效果后的"效果控件"面板如图9-4所示。

- **输出**：用于设置素材的输出类型。
- **设置**：用于设置抠像的类型。
- **主要颜色**：用于设置透明对象的颜色值。
- **遮罩生成**：用于设置遮罩的生成方式。
- **遮罩清除**：用于调整遮罩的属性。
- **溢出抑制**：用于消除溢出并调整抠像后的素材边缘颜色。
- **颜色校正**：用于调整素材色彩。

图9-4 "超级键"效果参数

（5）"轨道遮罩键"效果

"轨道遮罩键"效果能将图像中的黑色区域设置为透明，白色区域
设置为不透明。应用该效果后的"效果控件"面板如图9-5所示。

- **遮罩**：用于选择遮罩的视频画面。
- **合成方式**：用于选择合成的方式，包括"Alpha遮罩"和

图9-5 "轨道遮罩键"效果参数

"亮度遮罩"选项。

- **反向：**选中该复选框，可使遮罩反向显示。

（6）"非红色键"效果

"非红色键"效果可以一键去除素材中的蓝色和绿色背景，因此常用于抠取在绿幕和蓝幕下拍摄的视频。应用该效果后的"效果控件"面板如图9-6所示。

- **阈值：**用于调整素材背景的透明程度。
- **屏蔽度：**用于设置素材中"非红色键"效果的控制位置和图像屏蔽度。
- **去边：**用于选择去除素材的绿色或者蓝色边缘。
- **平滑：**用于设置素材的平滑程度。
- **仅蒙版：**用于指定是否显示素材的Alpha通道。

图9-6 "非红色键"效果参数

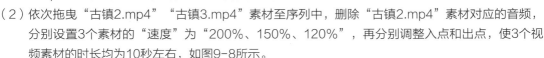

绿幕和蓝幕

由于人物皮肤不包含蓝色和绿色，在抠像时很容易将人物与绿幕和蓝幕背景分离。因此，摄影师在拍摄需要抠像的视频素材时，常会以绿幕和蓝幕作为背景，以便于后期进行合成。

知识补充

（7）"颜色键"效果

"颜色键"效果能使某种指定的颜色及与其相似的颜色变得透明。应用该效果后的"效果控件"面板如图9-7所示。

- **主要颜色：**用于吸取需要被键出的颜色，即需要变透明的颜色。
- **颜色容差：**用于设置颜色的透明程度，该值越大，被键出的颜色区域越透明。
- **边缘细化：**用于设置颜色边缘的大小，该值越小，边缘越粗糙。
- **羽化边缘：**用于设置颜色边缘的羽化程度，该值越大，边缘越柔和。

图9-7 "颜色键"效果参数

需要注意的是，"颜色键"效果的原理与"超级键"效果基本相同，都是让指定的颜色变为透明，只是"颜色键"效果不能校正素材的颜色。

⚒ **任务实施**

1. 制作水墨风效果

米拉准备先剪辑3段古镇的视频，然后利用水墨晕染的素材，通过"轨道遮罩键"效果调整视频的显示区域，制作出水墨风效果，具体操作如下。

（1）新建名称为"古镇宣传片"的项目文件，然后导入所有素材，基于"古镇1.mp4"素材新建序列，并修改序列名称为"古镇宣传片"。

（2）依次拖曳"古镇2.mp4""古镇3.mp4"素材至序列中，删除"古镇2.mp4"素材对应的音频，分别设置3个素材的"速度"为"200%、150%、120%"，再分别调整入点和出点，使3个视频素材的时长均为10秒左右，如图9-8所示。

微课视频

制作水墨风效果

（3）将所有素材向上平移至V2轨道，然后在V1轨道新建一个白色的颜色遮罩，并将其重命名为"背景"，再调整其出点至00:00:30:00。

（4）拖曳"水墨滴落散开.mp4"素材至V3轨道，删除对应音频，然后设置"速度"为"150%"，再调整出点至00:00:10:00。

（5）选择"古镇1.mp4"素材，在"效果"面板中依次展开"视频效果""键控"文件夹，双击"轨道遮罩"效果，然后在"效果控件"面板中设置"遮罩"为"视频3"，"合成方式"为"亮度遮罩"，如图9-9所示，显示效果如图9-10所示。

图9-8 调整视频素材

图9-9 设置"轨道遮罩键"效果

图9-10 "古镇1.mp4"素材的显示效果

（6）将鼠标指针移至"水墨滴落散开.mp4"素材上，按住【Alt】键的同时，按住鼠标左键不放向右拖曳进行复制，将入点与前一个素材的出点对齐。

（7）使用与步骤（5）相同的方法，为"古镇2.mp4"素材应用"轨道遮罩"效果，并设置相同的参数。为了与前者进行区分，再为复制的"水墨滴落散开.mp4"素材应用变换效果组中的"水平翻转"效果，显示效果如图9-11所示。

图9-11 "古镇2.mp4"素材的显示效果

（8）拖曳"水墨晕染.mp4"素材至V3轨道，并使其入点对齐00:00:20:00，再调整出点至00:00:30:00。使用与步骤（7）相同的方法为"古镇3.mp4"素材应用"轨道遮罩"效果，并设置相同的参数，显示效果如图9-12所示。

图9-12 "古镇3.mp4"素材的显示效果

2. 添加文案并制作显示动画

米拉为3个视频画面想好了不同的文案，为了增强文案的显示效果以及设计感，她打算为其制作类似毛笔绘画的显示动画，具体操作如下。

（1）新建V4轨道，将时间指示器移至00:00:03:00处，使用文字工具█在视频画面右下方输入"千年古镇 古韵悠长"文本，然后在"基本图形"面板中设置"字体"为"FZXingKai-S04S"，"字体大小"为"100"，"背景"颜色和"阴影"颜色分别为"#8F4723、#3F3F3F"，其他参数如图9-13所示，文案显示效果如图9-14所示。

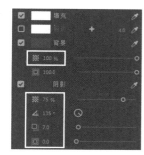

图9-13 设置文案相关参数

图9-14 文案显示效果

（2）新建V5轨道，拖曳"毛笔效果.mov"素材至时间指示器所在位置，然后将时间指示器移至00:00:06:00处，适当调整该素材的位置、缩放和旋转角度，使其能够覆盖文案，如图9-15所示。

（3）为文案应用"轨道遮罩"效果，并设置"遮罩"为"视频5"，"合成方式"为"亮度遮罩"，并选中"反向"复选框，文案效果如图9-16所示，"古镇1.mp4"素材对应文案的显示动画如图9-17所示。

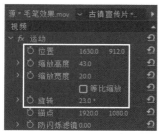

图9-15 调整素材的位置、缩放和旋转角度

图9-16 文案效果

图9-17 "古镇1.mp4"素材对应文案的显示动画

（4）复制文案和"毛笔效果.mov"素材，并使两者的出点与"古镇2.mp4"的出点对齐，修改文本内容为"清幽宁静 感受美好"，并适当调整位置。"古镇2.mp4"素材对应文案的显示动画效果如图9-18所示。

图9-18 "古镇2.mp4"素材对应文案的显示动画

（5）将时间指示器移至00:00:23:00处，使用垂直文字工具▥输入"烟雨姑苏 水墨同里"文本，调整文本出点至00:00:30:00，然后设置"字体"为"FZXingKai-S04S"，"字体大小"为"160"，"阴影"颜色为"#333333"，其他参数如图9-19所示。

（6）在"效果"面板中依次展开"视频过渡""擦除"文件夹，拖曳"渐变擦除"效果至第3个文本素材的入点处，然后在"效果控件"面板中设置"持续时间"为"00:00:03:00"，"古镇3.mp4"素材对应文案的显示动画如图9-20所示。

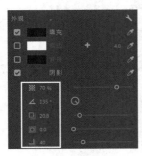
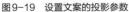

图9-19 设置文案的投影参数

图9-20 "古镇3.mp4"素材对应文案的显示动画

3. 抠取印章并添加下雨特效

为了美化视频画面，米拉准备在最后的文案旁添加印章图案，并呼应文案中的"烟雨"一词，在视频中添加下雨的效果，具体操作如下。

（1）拖曳"印章.png"素材至V5轨道，并使其入点和出点都与第3个文案对齐。在"效果控件"面板中适当调整位置和缩放，使其位于"里"文本的左下方，然后在入点处应用"渐变擦除"效果，并设置"持续时间"为"00:00:03:00"。

（2）选择"印章.png"素材，为其应用键控效果组中的"颜色键"效果，然后在"效果控件"面板中设置"主要颜色"为"黑色"，如图9-21所示，印章素材的前后对比效果如图9-22所示。

图9-21 设置"主要颜色"参数

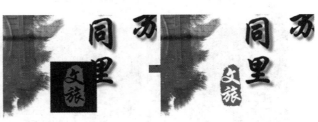

图9-22 印章素材的前后对比效果

（3）在"古镇3.mp4"素材上单击鼠标右键，在弹出的快捷菜单中选择"嵌套"命令，打开"嵌套序列名称"对话框，设置"名称"为"古镇3"，然后单击 确定 按钮。双击打开嵌套序列，将"古镇3.mp4"素材向下平移至V1轨道。

（4）拖曳"下雨.mp4"素材至V2轨道，并使其入点和出点都与"古镇3.mp4"素材对齐，然后为其
应用过时效果组中的"非红色键"效果，在"效果控件"面板中设置"阈值"为"24.0%"，
"古镇3.mp4"素材画面的前后对比效果如图9-23所示。

图9-23 为古镇添加下雨效果

（5）此时雨的色彩仍为绿色，因此需要进行调整。为"下雨.mp4"素材应用"更改为颜色"效果，
在"效果控件"面板中使用"自"右侧的吸管工具 吸取画面中雨的颜色，然后设置"更改"为
"色相和饱和度"，"柔和度"为"60.0%"，如图9-24所示，效果如图9-25所示。

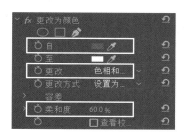

图9-24 设置"更改为颜色"效果参数

图9-25 更改雨颜色的效果

（6）选择"古镇3.mp4"素材，在"效果控件"面板中选择"轨道遮罩键"效果，按【Ctrl+X】组
合键剪切，然后切换到"古镇宣传片"序列，选择"古镇3"嵌套序列，按【Ctrl+V】组合键
粘贴。

（7）添加背景音乐，使其与V1轨道中素材的出点对齐，然后分别在入点、出点、00:00:04:00和
00:00:26:00处添加级别属性的关键帧，再分别在入点和出点设置"级别"为"-5.0dB"，制作
淡入淡出效果，如图9-26所示。

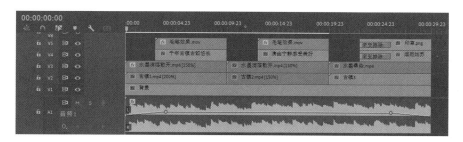

图9-26 制作淡入淡出效果

（8）查看最终效果，如图9-27所示，最后按【Ctrl+S】组合键保存文件。

图9-27　古镇宣传片最终效果

制作《书韵》宣传片

效果预览

导入提供的素材，先将视频素材依次添加到序列中，适当进行剪辑，然后运用水墨素材调整视频画面的显示范围，最后添加字幕文本，完成《书韵》宣传片的制作，本练习的参考效果如图9-28所示。

课堂练习

图9-28　《书韵》宣传片参考效果

素材位置： 素材\项目9\《书韵》素材\图书馆.mp4、阅读.mp4、特写.mp4、墨水快速晕染.mp4、字幕.txt

效果位置： 效果\项目9\《书韵》宣传片.prproj

任务9.2　制作零食礼包视频广告

　　米拉很好地完成了古镇宣传片的任务，紧接着便投入零食礼包视频广告的制作中。米拉了解到，大多数零食视频广告的风格都是有趣、轻松的，因此她搜寻了一些趣味性的贴纸素材，准备结合混合模式将这些贴纸作为装饰元素来美化视频画面。

任务描述

任务背景	某零食品牌近期计划推出一款多样化、高品质的零食礼包，在此之前，品牌方希望能够通过一个广告来吸引消费者的关注，让消费者了解零食礼包的零食种类，并激发其购买欲望，因此需要设计师利用零食礼包的商品图片来制作视频广告
任务目标	① 制作分辨率为1920像素×1080像素、时长为12秒左右的视频广告
	② 为视频广告画面添加动态元素作为装饰，增强视觉冲击力的同时，还能让消费者留下记忆点
	③ 品牌方提供的零食礼包素材存在黑色背景，因此需要进行抠取，使其与背景素材更自然地融合
	④ 在广告结尾添加零食礼包的卖点，促使消费者产生购买行为
知识要点	不透明度、混合模式、"颜色键"效果

本任务的参考效果如图9-29所示。

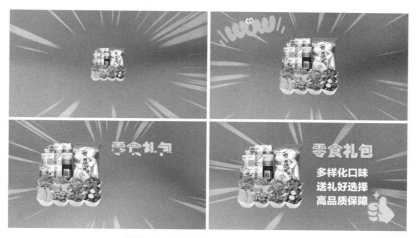

效果预览

图9-29　零食礼包视频广告参考效果

素材位置： 素材\项目9\零食礼包素材\彩色背景.mp4、动态线条.mp4、惊讶.mp4、点赞.mp4、零食礼包.jpg

效果位置： 效果\项目9\零食礼包视频广告.prproj

📦 知识准备

Premiere提供了不透明度和混合模式，同样可以用于抠像与合成。为了提高制作效率，米拉准备先熟悉为素材调整不透明度的方法，再深入了解不同混合模式的特点以及应用方法。

1. 不透明度

在Premiere的"效果控件"面板中，每个素材都包含不透明度属性，当设置"不透明度"为"100%"时，素材为完全显示；当设置"不透明度"为"0%"时，素材为完全不显示。将一个素材与另一个素材叠加时，降低上方轨道上素材的不透明度数值，可显示出下方轨道上素材的内容，使画面呈现出特殊的视觉效果。

2. 混合模式

混合模式的原理是当多个视频画面叠加时，混合当前画面的像素和下方画面的像素，以得到特殊视觉效果。在"效果控件"面板中，通过不透明度属性下方的下拉列表便可设置当前素材画面的混合模式。

Premiere中的混合模式共有27种，根据菜单中的分隔线可分为6组混合模式，如图9-30所示，每组内的混合模式具有相似的效果和用途。

- **正常：** 使用正常混合模式组时，只有降低当前视频画面的不透明度才能产生效果。该组包括正常、溶解2种混合模式，其中正常混合模式是视频画面混合模式的默认方式，表示不和其他视频画面发生任何混合。图9-31所示为正常混合模式的上下两层视频的画面。

- **加深：** 使用加深混合模式组可使画面颜色变暗，并且当前视频画面的白色将被较深的颜色所代替。该组包括变暗、相乘、颜色加深、线性加深、深色5种混合模式。图9-32所示为当前视频画面使用变暗混合模式的效果。

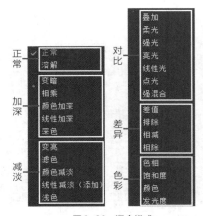

图9-30 混合模式　　图9-31 正常混合模式的两层视频画面

- **减淡：** 使用减淡混合模式组可使画面变亮，并且当前视频画面的黑色将被较浅的颜色所代替。该组包括变亮、滤色、颜色减淡、线性减淡（添加）、浅色5种混合模式。图9-33所示为当前视频画面使用变亮混合模式的效果。

图9-32 使用变暗混合模式的效果　　图9-33 使用变亮混合模式的效果

- **对比：** 使用对比混合模式组可增强画面的反差，当前视频画面中亮度为50%的灰色像素将会消失，亮度高于50%灰色的像素可加亮下方视频画面的颜色，亮度低于50%灰色的像素可降低下方视频画面的颜色。该组包括叠加、柔光、强光、亮光、线性光、点光、强混合7种混合模式。图9-34所示为当前视频画面使用叠加混合模式的效果。

- **差异：** 使用差异混合模式组可比较当前视频画面和下方视频画面的颜色，利用源颜色和基础颜色的差异创建颜色。该组包括差值、排除、相减、相除4种混合模式。图9-35所示为当前视频画面使用差值混合模式的效果。

图9-34 使用叠加混合模式的效果　　图9-35 使用差值混合模式的效果

- **色彩：** 使用色彩混合模式组可将两个视频画面中的色彩划分为色相、饱和度和亮度3种成分，然后将其中的一种或两种成分互相混合。该组包括色相、饱和度、颜色、发光度4种混合模式。

⚒ 任务实施

1. 制作视频广告背景

米拉找到一个色彩丰富的视频素材，准备将其作为广告的背景，再在背景周围添加动态的线条，加强视觉冲击力，具体操作如下。

（1）新建名称为"零食礼包视频广告"的项目文件，然后导入所有素材，基于"彩色背景.mp4"素材新建序列，并修改序列名称为"零食礼包视频广告"。

（2）删除"彩色背景.mp4"素材对应的音频，然后调整出点至00:00:12:00。

（3）拖曳"动态线条.mp4"素材至V2轨道中，并使其入点和出点与"彩色背景.mp4"素材对齐。在"效果控件"面板中先设置"缩放"为"150.0"，然后展开"不透明度"栏，设置"不透明度"为"80.0%"，"混合模式"为"柔光"，如图9-36所示，视频广告背景的前后对比效果如图9-37所示。

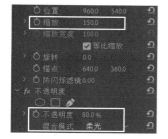

图9-36 设置"动态线条.mp4"素材参数

图9-37 视频广告背景的前后对比效果

2. 抠取零食礼包并制作动画

米拉查看了零食礼包的图片，发现其背景为简洁的黑色，可以利用"颜色键"效果进行抠取，于是便准备在抠图后为其制作动画，使其能在出现时吸引消费者的视线，具体操作如下。

（1）拖曳"零食礼包.jpg"素材至V3轨道中，并使其入点和出点与"彩色背景.mp4"素材对齐。

（2）保持选中"零食礼包.jpg"素材的状态，依次展开"效果"面板的"视频效果""键控"文件夹，双击"颜色键"效果，然后在"效果控件"面板中先设置"主要颜色"为黑色，再设置"边缘细化"和"羽化边缘"分别为"1、2.0"，应用"颜色键"效果的前后对比效果如图9-38所示。

图9-38 应用"颜色键"效果的前后对比效果

（3）分别在00:00:00:00、00:00:02:00和00:00:03:00处为"零食礼包.jpg"素材的缩放属性添加关键帧，然后分别设置参数为"0.0、100.0、80.0"。

（4）在00:00:02:00处为"零食礼包.jpg"素材位置属性添加关键帧，然后将时间指示器移至00:00:03:00处，向左拖曳位置属性中左侧的参数，制作出向左平移的效果，零食礼包图片的动画效果如图9-39所示。

图9-39　零食礼包图片的动画效果

3. 添加装饰元素和文本

微课视频
添加装饰元素
和文本

米拉下载了具有趣味性的装饰元素，准备将其添加到画面周围，然后再为零食礼包添加文本描述，具体操作如下。

（1）新建V4轨道，将时间指示器移至00:00:01:00处，拖曳"惊讶.mp4"素材至V4轨道，使其入点与时间指示器对齐。

（2）在"效果控件"面板中适当调整装饰素材的位置、缩放和旋转属性的参数，使其位于视频画面的左上角。接着展开"不透明度"栏，设置"混合模式"为"浅色"，如图9-40所示，前后对比效果如图9-41所示。

图9-40　设置"惊讶.mp4"素材参数　　　　图9-41　调整"惊讶.mp4"素材的前后对比效果

（3）将时间指示器移至00:00:03:00处，拖曳"点赞.mp4"素材至V4轨道，使其入点与时间指示器对齐。使用与步骤（2）相同的方法，调整其位置、缩放和旋转属性参数，然后设置"混合模式"为"浅色"，前后对比效果如图9-42所示。

图9-42　调整"点赞.mp4"素材的前后对比效果

（4）由于"点赞.mp4"素材持续时间较短，因此在选择该素材后，按住【Alt】键不放，同时将其向右拖曳进行复制，并使复制素材的入点与源素材的出点对齐。

（5）使用文字工具T分别输入"零食礼包""多样化口味　送礼好选择　高品质保障"文本，分别调整文本的字体、大小和颜色，然后为"零食礼包"添加阴影效果，"阴影"颜色为

"#94946C"，其他参数如图9-43所示，文本效果如图9-44所示。

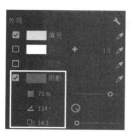

图9-43 设置阴影效果

图9-44 文本效果

（6）设置文本素材的出点为00:00:12:00，然后在入点处应用"随机擦除"效果，并设置"持续时间"为"00:00:04:00"，文本的动画效果如图9-45所示，最后按【Ctrl+S】组合键保存文件。

图9-45 文本的动画效果

设计素养

作为一个优秀的设计师，在制作视频广告时，需要充分理解不同类型广告的特点，并准确把握消费者的需求和喜好，通过一定的视觉效果，传递出与广告主题一致的品牌形象和价值观念，引起消费者的共鸣，从而达到广告宣传的目的。同时，设计师还要不断学习和创新，以加强在广告行业内的竞争力。

课堂练习

制作魔方视频广告

导入提供的素材并新建序列，先添加背景素材到序列中，然后添加并抠取多个魔方素材，再分别利用不透明度和位置属性制作动画，接着添加并抠取动态装饰，最后添加描述文本并为其应用过渡效果，完成魔方视频广告的制作。本练习的参考效果如图9-46所示。

效果预览

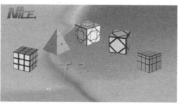

图9-46 魔方视频广告参考效果

素材位置： 素材\项目9\魔方素材\背景.mp4、Nice.mp4、手指.mp4、魔方1.jpg~
魔方5.jpg
效果位置： 效果\项目9\魔方视频广告.prproj

任务9.3　制作《食之有道》栏目包装

米拉已经可以熟练使用键控效果组、不透明度与混合模式的功能，老洪便让她运用另外一种抠像与合成的常用功能——蒙版，制作《食之有道》栏目包装。

 **任务描述**

任务背景	某电视台策划制作一档探讨各种菜肴起源和发展历史的栏目——《食之有道》，为进一步提升该栏目在美食领域的影响力和知名度，现需设计师为其设计制作相关的包装效果，用于在栏目中穿插播放，以强化栏目主题的感染力
任务目标	① 制作分辨率为1920像素×1080像素、时长为20秒左右的栏目包装
	② 利用提供的美食图片作为视频主要画面，制作出笔刷绘制的动画效果，让画面逐渐显示出来
	③ 在画面最后展现出栏目名称文本，采用简洁的字体，并为栏目名称设计显示动画
知识要点	创建规则蒙版、创建不规则蒙版、创建4点多边形蒙版、自由绘制贝塞尔曲线、蒙版路径、蒙版扩展、"轨道遮罩键"效果

本任务的参考效果如图9-47所示。

图9-47　《食之有道》栏目包装参考效果

> **素材位置：** 素材\项目9\《食之有道》素材\美食1.jpg、美食2.jpg、美食3.jpg、美食4.jpg、痕迹.png
> **效果位置：** 效果\项目9\《食之有道》栏目包装.prproj

知识准备

老洪告诉米拉，通过蒙版可以制作出多样化的显示效果，因此建议米拉先熟悉蒙版的相关知识，然后再根据蒙版的特性来编辑视频。

1．认识蒙版

蒙版可以简单地理解成一个特殊的区域，在素材画面中创建蒙版，可以使画面只显示蒙版所在的区域，从而混合不同轨道中的素材画面，合成新的素材画面。被隐藏的区域不受任何操作的影响，且在删除蒙版后，原素材中的内容不会发生任何改变。

2. 创建蒙版

为素材应用视频效果或直接展开"效果控件"面板中的"不透明度"栏后，可看到创建椭圆形蒙版◯、创建4点多边形蒙版▢和自由绘制贝塞尔曲线🖉3个工具，如图9-48所示。设计师可以使用这些工具来创建不同形状的蒙版，可分为创建规则形状的蒙版和自由形状的蒙版两种形式。

图9-48　创建蒙版的工具

- **创建规则形状的蒙版：** 选择创建椭圆形蒙版◯或创建4点多边形蒙版▢后，在"节目"面板中会自动创建椭圆形或4点多边形的规则蒙版，图9-49所示为绘制椭圆形蒙版的前后对比效果。

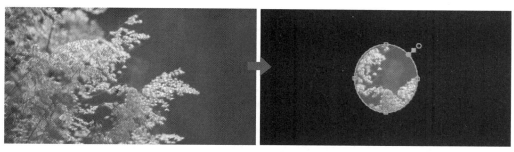

图9-49　绘制椭圆形蒙版的前后对比效果

- **创建自由形状蒙版：** 选择自由绘制贝塞尔曲线🖉，在"节目"面板中通过绘制直线段或曲线段来创建不同形状的蒙版，其使用方法与钢笔工具🖋相同，如图9-50所示。

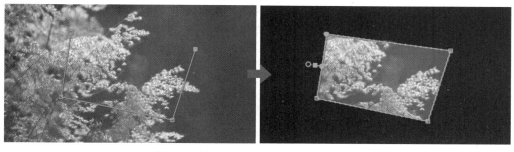

图9-50　使用自由绘制贝塞尔曲线工具绘制蒙版

3. 编辑蒙版

当蒙版的形状不符合制作需求时，设计师可通过以下方法编辑蒙版。

（1）调整蒙版大小

创建好蒙版后，蒙版四周会出现控制点，按住【Shift】键不放，将鼠标指针靠近蒙版边缘，当鼠标指针变成时，按住鼠标不放并拖曳鼠标，可等比例放大或缩小蒙版，图9-51所示为等比例放大蒙版的效果。

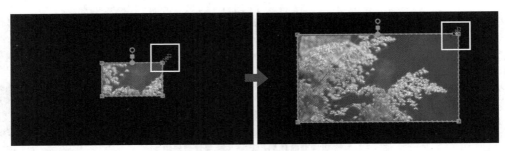

图9-51　等比例放大蒙版的效果

（2）修改蒙版属性

在"效果控件"面板中，蒙版包含蒙版路径、蒙版羽化、蒙版不透明度和蒙版扩展4个属性。

- **蒙版路径：** 用于调整蒙版的形状，从而改变图层的显示区域。单击鼠标左键选择正方形控制点（控制点变为实心为选中状态，空心为未选中状态），然后按住鼠标左键不放并拖曳鼠标，可改变蒙版形状，如图9-52所示。

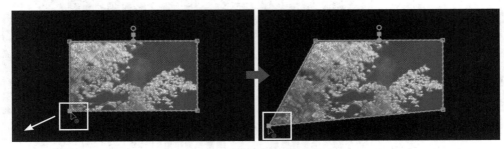

图9-52　调整蒙版路径

- **蒙版羽化：** 用于调整蒙版水平或垂直方向的羽化程度，为蒙版周围添加模糊效果，使其边缘的过渡更加自然。除了直接设置参数外，还可以通过拖曳外侧的圆形控制点调整蒙版的羽化程度，如图9-53所示。

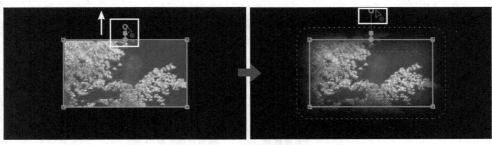

图9-53　调整蒙版羽化

- **蒙版不透明度：**用于调整蒙版的不透明度，而不修改原始素材的不透明度。
- **蒙版扩展：**用于控制蒙版的扩展或者收缩，从而调整蒙版的范围。当该参数为正数时，蒙版将向外扩展；当该参数为负数时，蒙版将向内收缩。除了直接设置参数外，拖曳外侧的正方形控制点也可调整蒙版扩展，如图9-54所示。

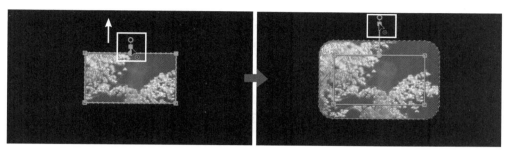

图9-54　调整蒙版扩展

（3）旋转蒙版

将鼠标指针移动到蒙版边缘，当鼠标指针变为 形状时，按住鼠标左键不放并拖曳可旋转蒙版。若在按住【Shift】键的同时旋转蒙版，将以22.5°的倍数进行旋转。

（4）调整蒙版位置

将鼠标指针移动到蒙版区域中，当鼠标指针变成 形状时，按住鼠标左键不放并拖曳，可调整蒙版的位置。

⚒ 任务实施

1. 制作美食显示动画

米拉先结合笔刷的素材调整美食素材的显示区域，然后再利用蒙版制作出跟随笔刷运动逐渐显示画面的动画，具体操作如下。

微课视频

制作美食显示动画

（1）新建名称为"《食之有道》栏目包装"的项目文件，然后导入所有素材，基于"美食1.jpg"素材新建序列，并修改序列名称为"《食之有道》栏目包装"。

（2）将"美食1.jpg"素材向上平移至V2轨道，然后在V1轨道新建一个白色的颜色遮罩，并将其重命名为"白色背景"，再调整其出点至"00:00:16:00"。

（3）依次拖曳"美食2.jpg""美食3.jpg""美食4.jpg"素材至V2轨道，然后拖曳"痕迹.png"素材到V3轨道，再设置每个素材的"持续时间"为4秒，如图9-55所示。

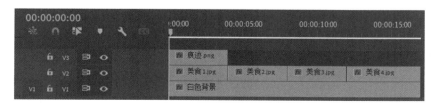

图9-55　添加素材并调整持续时间

（4）为"美食1.jpg"素材应用"轨道遮罩键"效果，然后设置"遮罩"为"视频3"，"合成方式"为"Alpha遮罩"，素材的前后对比效果如图9-56所示。

图9-56　应用"轨道遮罩键"效果的前后对比效果

（5）选择"痕迹.png"素材，在"效果控件"面板中展开"不透明度"栏，选择自由绘制贝塞尔曲线
　　，然后在画面左上角绘制图9-57所示的蒙版，再为蒙版路径属性开启并添加关键帧。

（6）将时间指示器移至00:00:00:19处，拖曳蒙版路径上的控制点，以调整画面的显示区域，调整后
　　的效果如图9-58所示。

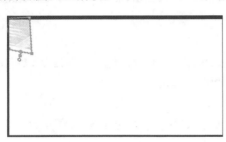

图9-57　在画面左上角绘制蒙版

图9-58　调整蒙版路径的效果

（7）分别将时间指示器移至00:00:01:13和00:00:02:08处，继续调整这两个时间点的蒙版路径形
　　状，如图9-59所示。

图9-59　在其他时间点调整蒙版路径的效果

（8）新建V4轨道，复制"美食1.jpg"素材到V4轨道中，并使其与源素材对齐，然后删除"轨道遮罩
　　键"效果，再分别在00:00:02:10和00:00:03:03处添加"不透明度"为"0.0%、100.0%"的
　　关键帧，"美食1.jpg"素材的显示效果如图9-60所示。

图9-60　"美食1.jpg"素材的显示效果

（9）在V3轨道中复制3次"痕迹.png"素材，持续时长分别对应其他3个美食素材，并为这3个美食素材应用"轨道遮罩键"效果，然后使用与步骤（8）相同的方法，复制对应的美食素材并进行调整，再添加不透明度关键帧。其他3个美食素材的显示效果如图9-61所示。

图9-61 其他素材的显示效果

2. 制作栏目名称文本的背景和动画

米拉准备沿用"美食4.jpg"素材作为栏目名称文本的背景，将其模糊后再利用蒙版来显示栏目名称，具体操作如下。

（1）调整"美食4.jpg"素材的出点至00:00:20:00，保持该素材被选中的状态，然后在"效果"面板中依次展开"视频效果""模糊与锐化"文件夹，双击"高斯模糊"效果进行应用。

（2）将时间指示器移至00:00:16:00处，在"效果控件"面板中，为"高斯模糊"效果中的模糊度属性开启并添加关键帧，然后将时间指示器移至00:00:17:00处，设置"模糊度"为"50.0"，制作逐渐模糊的动画效果。

（3）将时间指示器移至00:00:16:00处，在"高斯模糊"效果中选择创建椭圆形蒙版 ⬤，画面中将出现一个椭圆形蒙版，此时为蒙版扩展属性开启并添加关键帧，然后在00:00:17:00处设置"蒙版扩展"为"900.0"，使画面整体都变为模糊状态，动画效果如图9-62所示。

图9-62 "美食4.jpg"素材的动画效果

（4）将时间指示器移至00:00:17:00处，使用文字工具 🅣 输入"食之有道"文本，将其移至V4轨道，调整出点至00:00:20:00，然后设置"字体""字体大小""填充"分别为"FZYaSongS-B-GB、400、#FFFFFF"，再单击"仿粗体"按钮 🅑 加粗显示。

（5）选择文本，在"效果控件"面板中的"不透明度"栏中选择创建4点多边形蒙版 ▣，然后分别调整蒙版的4个控制点，使文本完全显示，如图9-63所示。

（6）分别在00:00:17:00和00:00:18:00处添加蒙版路径属性的关键帧，然后将时间指示器移至00:00:17:00处，按住【Shift】键依次单击右侧的两个控制点，再按住鼠标左键不放并向左拖曳，使文本完全消失，如图9-64所示。栏目名称文本的显示动画效果如图9-65所示，最后按【Ctrl+S】组合键保存文件。

图9-63　调整蒙版的4个控制点

图9-64　调整蒙版右侧控制点的位置

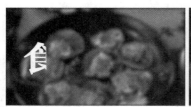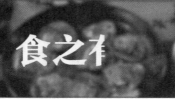
图9-65　栏目名称文本的显示动画效果

课堂练习

制作《动感时尚》栏目包装

导入提供的素材并新建序列，添加图片素材到序列中，然后创建4个蒙版，并分别通过蒙版路径的关键帧制作显示动画，接着新建矩形作为背景，添加文本，再分别为矩形和文本制作显示动画，完成《动感时尚》栏目包装的制作。本练习的参考效果如图9-66所示。

效果预览

图9-66　《动感时尚》栏目包装参考效果

素材位置： 素材\项目9\《动感时尚》素材\裙装展示.jpg
效果位置： 效果\项目9\《动感时尚》栏目包装.prproj

综合实战　制作茶叶促销视频

米拉在不同类型的视频任务中，运用了多种抠像与合成技术，最终的效果获得了老洪的肯定。老洪又挑选了茶叶促销视频的制作任务交给米拉，准备考核她的综合运用能力。

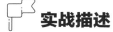

实战描述

实战背景	临近购物节，某茶叶店铺准备在此次促销活动中着重宣传店内的碧螺春茶，为了吸引更多消费者的关注，提高商品的销售量，该店铺准备制作一个促销视频，在其中展现出茶叶的卖点以及价格等信息。现需要设计师根据提供的茶叶视频素材制作促销视频
实战目标	① 制作分辨率为1920像素×1080像素、时长为20秒左右的促销视频
	② 通过具有创意性的画面切换方式，吸引消费者的注意，从而获取更多关注
	③ 在画面中展现出商品的外观、特点以及价格等信息，并以动画的形式增强视觉冲击力
知识要点	应用键控效果组、创建蒙版、不透明度、混合模式、调整蒙版路径、关键帧动画

本实战的参考效果如图9-67所示。

图9-67 茶叶促销视频参考效果

素材位置： 素材\项目9\茶叶素材\茶艺.mp4、茶山.mp4、水墨.mov、茶叶罐.jpg、星光.mp4、星星.mp4、背景音乐.mp3
效果位置： 效果\项目9\茶叶促销视频.prproj

思路及步骤

在制作本案例时，设计师可以先剪辑视频素材，再从中选取较为美观的视频画面，使用水墨素材来控制画面的显示区域，使画面的显示较为自然；然后抠取出茶叶罐，并为其制作放大并逐渐显现的动画，接着输入茶叶促销的文本信息，为其制作显示动画，再融入作为装饰的动态元素，最后添加背景音乐。本例的制作思路如图9-68所示，参考步骤如下。

① 剪辑视频素材并应用键控效果

图9-68 制作茶叶促销视频的思路

② 抠取茶叶罐素材

③ 制作茶叶罐显示动画

④ 添加字幕并制作动画

⑤ 添加装饰性元素

⑥ 添加背景音乐

图9-68　制作茶叶促销视频的思路（续）

（1）新建项目，导入所有素材，基于视频素材新建序列，并修改序列名称。

（2）将视频素材都拖曳至序列中，并从中剪辑部分片段。

（3）结合水墨素材，为不同的视频片段应用键控效果，制作出逐渐显示的动画。

（4）抠取出茶叶罐素材，然后结合缩放和不透明度属性制作显示动画。

（5）在视频结尾添加字幕文本，并结合蒙版和关键帧制作显示动画。

（6）在文本周围添加装饰性元素，并利用混合模式使其自然融合在画面中。

（7）添加背景音乐并调整出点，最后按【Ctrl+S】组合键保存文件。

微课视频

制作茶叶促销视频

课后练习 制作购物节促销视频

　　近期，某电商平台准备开展购物节促销活动，旨在扩大各大品牌的影响力，以及刺激消费者的购买欲望，因此需要设计师为该活动制作一个视频，用于宣传该活动，分辨率要求为1920像素×1080像素，时长小于15秒，活动时间为5月1日至5月7日。设计师需要先结合多种素材制作视频背景，并为其添加趣味性元素，然后输入相关文本，再为其制作显示动画，最终制作出画面美观且具有吸引力的促销视频，参考效果如图9-69所示。

图9-69　购物节促销视频参考效果

素材位置： 素材\项目9\购物节素材\背景.mp4、表情.mp4、气球粒子.mp4
效果位置： 效果\项目9\购物节促销视频.prproj

项目10
渲染、输出与打包

情景描述

通过几个月的实习工作，米拉在视频编辑工作技能方面有了很大的进步，并逐渐掌握了Premiere的很多使用技巧。

米拉实习期即将结束，老洪交给她最后3个任务，告诉她："在视频制作完成后，通常需要先渲染视频，便于实时预览视频的完整效果，让视频在编辑和播放时更加流畅。另外，为了方便客户查看效果，还需要将编辑好的项目文件输出成不同格式的视频文件，并打包整个项目文件，以便应对后续需要修改视频内容的情况。"

学习目标

知识目标	● 熟悉渲染视频的基本流程 ● 掌握输出不同格式视频文件的方法 ● 掌握整理素材和打包视频文件的方法
素养目标	● 提高归纳与整理文件的能力 ● 保持不断学习的状态，与时俱进

任务10.1　渲染与输出风扇主图视频

老洪将风扇主图视频的制作任务交给米拉，要求她根据客户的需求添加字幕，然后输出为符合主图视频规范的文件。

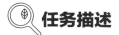 **任务描述**

任务背景	临近夏天，某电器商家为提高店内某款风扇的销量，准备为该风扇制作一个主图视频，展示风扇的外观、功能和性能等内容，提高消费者对该商品的购买意愿。该商家提供了风扇的视频素材，以及功能描述、商品卖点等商品信息，需要设计师在视频画面中添加字幕，然后将其输出为MP4格式的视频文件
任务目标	① 制作分辨率为720像素×960像素、时长在20秒以内的主图视频
	② 在设计字幕时可制作较为突出的样式，提高字幕的可识别性
	③ 输出视频文件时，需要注意视频的尺寸和大小等参数要符合使用需求
知识要点	文字工具、渲染文件、输出文件

本任务的参考效果如图10-1所示。

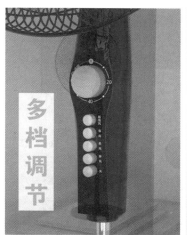

图10-1　风扇主图视频参考效果

 素材位置： 素材\项目10\风扇素材\风扇视频.mp4
效果位置： 效果\项目10\风扇主图视频.prproj、风扇主图视频.mp4

知识准备

为了能够输出符合客户需求的视频文件，米拉先搜寻了主图的尺寸规范，然后准备运用Premiere有关渲染和输出的基础知识和操作方法，完成风扇主图视频任务。

1. 渲染的基础知识

设计师在渲染视频之前，需要先了解渲染条的颜色所表示的含义，再熟悉渲染视频的方法，以提高渲染效率。

（1）渲染条

Premiere 中的渲染条如图 10-2 所示，主要有绿色、黄色和红色 3 种状态，其中绿色渲染条表示已经渲染的部分，播放时会非常流畅；黄色渲染条表示无须渲染即能以全帧速率实时回放的未渲染部分，播放时会有些卡顿；红色渲染条表示需要渲染才能以全帧速率实时回放的未渲染部分，播放时会非常卡顿。

图 10-2　Premiere 中的渲染条

（2）渲染命令

打开"序列"菜单，在其中可以看到不同的渲染命令，如图 10-3 所示。设计师在渲染视频时，可根据需要选择合适的命令。

图 10-3　渲染命令

- **渲染入点到出点的效果：** 渲染包含红色渲染条的入点和出点内的视频轨道部分，常用于只渲染添加了效果的视频片段，适用于因添加效果导致视频变卡顿的情况。

- **渲染入点到出点：** 渲染包含红色渲染条或黄色渲染条入点和出点内的视频轨道部分，常用于渲染入点到出点这一范围内的完整视频片段，渲染后整段视频的渲染条将变为绿色，表示已经生成了渲染文件。

- **渲染选择项：** 渲染在"时间轴"面板中选中的轨道部分。

- **渲染音频：** 渲染位于音频轨道部分的预览文件。

- **删除渲染文件：** 可删除一个序列的所有渲染文件。

- **删除入点到出点的渲染文件：** 可删除入点到出点这一范围内关联的所有渲染文件。

渲染完成后，在"节目"面板中会自动播放渲染后的效果，渲染文件也会自动保存到暂存盘中。

提高渲染速度

知识补充

渲染文件时，若因为文件过大导致渲染速度较慢，设计师可选择"文件"/"项目设置"/"暂存盘"命令，在"项目设置"对话框中修改文件的暂存位置；或选择"文件"/"项目设置"/"常规"命令，在"项目设置"对话框中开启 GPU 加速；或选择"编辑"/"首选项"/"媒体缓存"命令，在"首选项"对话框中删除缓存文件。

---

2. 导出文件

设计师在导出文件之前，需要先熟悉输出类型和输出设置，以便导出符合需求的文件。

（1）输出类型

选择"文件"/"导出"命令，可以在打开的子菜单中根据需要选择不同的输出类型，如图 10-4 所示。

- **媒体：** 用于输出各种不同编码的视频、音频和图片等文件。

图 10-4　输出类型

- **动态图形模板：**用于将文件导出为动态图形模板，导出前需要先选择图形素材才能激活该命令。
- **磁带（DV/HDV）：**用于将文件直接输出至磁带中。
- **磁带（串行设备）：**用于将所编辑的序列从计算机录制到录像带。
- **EDL：**用于将文件导出为EDL（Editorial Determination List，编辑决策列表）格式。
- **OMF：**用于将文件导出为OMF（Open Media Framework，公开媒体框架）格式。
- **标记：**用于导出文件中的标记。导出前需要先打开"标记"面板，选择需要导出的标记，然后才能激活该选项。
- **将选择项导出为Premiere项目：**用于将单个或多个素材导出为独立的Premiere项目。
- **AAF：**用于将文件导出为AAF（Advanced Authoring Format，高级制作格式）文件。
- **Avid Log Exchange：**用于将文件导出为ALE（Avid Log Exchange，一种基于文本的元数据交换格式）格式。
- **Final Cut Pro XML：**用于将文件导出为XML（Extensible Markup Language，可扩展的标记语言）格式。

（2）输出设置

选择序列文件，选择"文件"/"导出"/"媒体"命令，或按【Ctrl+M】组合键，打开"导出设置"对话框，如图10-5所示，在其中可以设置文件的基本信息。

图10-5 "导出设置"对话框

在"导出设置"对话框左侧包括"源"选项卡和"输出"选项卡，在"源"选项卡中可裁剪视频，"输出"选项卡中的参数介绍如下。

- **源缩放：**在导出为不同的帧大小时，调整源在导出帧中的适应方式。
- **"设置入点"按钮：**单击该按钮，可将当前时间指示器的位置设置为文件输出的起始时间点。
- **"设置出点"按钮：**单击该按钮，可将当前时间指示器的位置设置为文件输出的结束时间点。
- **适合：**在该下拉列表中可设置文件在该窗口中预览时的显示比例。
- **"长宽比校正"按钮：**单击该按钮，可校正输出文件的长宽比。
- **源范围：**用于设置输出文件的范围。

在"导出设置"对话框右侧的"导出设置"栏中可设置文件的类型、保存路径、保存名称、是否输出音频等参数，部分参数介绍如下。

- **与序列设置匹配：** 选中该复选框，Premiere会自动将输出文件的属性与序列进行匹配，且"导出设置"栏中所有的选项都将变为灰色状态，不能自定义设置。
- **格式：** 用于选择视频文件支持的格式。
- **预设：** 用于设置视频文件的序列预设，即视频的画面大小。
- **注释：** 在该文本框中可输入文本注释文件。
- **输出名称：** 单击该超链接的内容，将打开"另存为"对话框，在其中可以自定义设置文件的保存路径和文件名。
- **导出视频：** 选中该复选框，可输出视频文件；取消选中该复选框，将不会输出视频。
- **导出音频：** 选中该复选框，可输出视频文件中的音频；取消选中该复选框，将不会输出音频。

任务实施

1. 添加字幕

微课视频

添加字幕

米拉准备利用文字工具 T 输入商品相关的文本，然后利用"基本图形"面板美化文本效果，具体操作如下。

（1）新建名称为"风扇主图视频"的项目文件，导入"风扇视频.mp4"素材，然后基于该素材新建序列，并修改序列名称为"风扇主图视频"。

（2）将时间指示器移至00:00:01:05处，选择文字工具 T ，在风扇画面下方输入"外观精美"文本，打开"基本图形"面板，设置"字体"为"FZDaHei-B02S"，"字体大小"为"100"，然后在下方的"外观"栏中设置"填充"为"#FFAC41"。选中"背景"复选框，并设置"颜色""不透明度"和"大小"分别为"#FFFFFF、80%、22.0"，如图10-6所示，文本效果如图10-7所示。

（3）将时间指示器移至00:00:07:04处，在"时间轴"面板中按住【Alt】键不放，同时拖曳文本素材的入点至时间指示器所在位置，以复制文本。然后调整出点至"00:00:09:17"，再修改文本内容为"多档调节"，并按【Enter】键确定，效果如图10-8所示。

图10-6　设置文本样式

图10-7　文本效果

图10-8　修改文本内容

（4）使用与步骤（3）相同的方法，分别复制前两个文本至00:00:10:29和00:00:15:25处，然后根据视频画面的内容调整出点和文本位置，再分别修改文本内容为"静音设计""旋转流畅"。

2. 渲染与输出文件

主图视频制作完成后，米拉先进行了渲染操作，对预览的视频效果感到满意后，再将其输出为MP4格式的视频，具体操作如下。

（1）选择"序列"/"渲染入点到出点"命令，打开"渲染"对话框，渲染结束后将自动关闭该对话框，且序列的渲染条变为绿色，同时将自动播放一遍视频。

（2）选择序列文件，选择"文件"/"导出"/"媒体"命令，打开"导出设置"对话框，在"导出设置"栏设置"格式"为"H.264"，"预设"为"匹配源-高比特率"，并确保下方的"导出视频""导出音频"复选框呈选中状态，如图10-9所示。

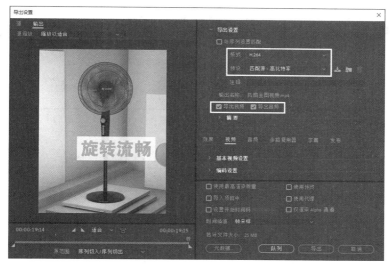

图10-9　设置"导出设置"对话框中的参数

（3）单击"输出名称"右侧的 风扇主图视频.mp4 超链接，打开"另存为"对话框，选择存储文件夹，然后单击 保存(S) 按钮，如图10-10所示。

（4）返回"导出设置"对话框，单击 导出 按钮导出视频，再按【Ctrl+S】组合键保存文件。在存储文件夹中双击"风扇主图视频.mp4"文件查看效果，如图10-11所示。

图10-10　设置存储位置

图10-11　查看视频效果

课堂练习

渲染与输出草莓主图视频

　　导入提供的素材，先将视频素材按照编号依次添加到序列中并适当剪辑，然后应用过渡效果，再通过渲染命令查看视频效果，最后输出草莓主图视频文件。本练习的参考效果如图10-12所示。

图10-12　草莓主图视频参考效果

素材位置：素材\项目10\草莓素材\草莓1.mp4、草莓2.mp4、草莓3.mp4、草莓4.mp4、草莓5.mp4

效果位置：效果\项目10\草莓主图视频.prproj、草莓主图视频.mp4

任务10.2　打包《科技未来》宣传片文件

　　老洪告诉米拉，在编辑视频时，可能会应用到来自不同文件夹的素材，若不小心删除素材，那么在后期修改项目文件时，就可能会出现缺少素材的情况。老洪将新任务交给米拉时，叮嘱她在制作完成后可尝试将相关的素材和项目文件打包。

任务描述

任务背景	党的二十大报告指出，要完善科技创新体系，加快实现高水平科技自立自强。某市宣传部为全面深入贯彻学习党的二十大精神，激发人们对科技创新的兴趣和热情，准备制作一部宣传片，向市民展示科技未来的潜力和可能性。现需设计师根据素材和文本制作出以"科技未来"为主题的宣传片
任务目标	① 制作分辨率为1920像素×1080像素、时长为20秒左右的宣传片
	② 结合"科技"关键词，在视频画面中添加具有科技感的元素
	③ 为避免素材文件丢失，打包所有相关素材
知识要点	输出文件、打包文件

　　本任务的参考效果如图10-13所示。

图10-13 打包《科技未来》宣传片文件参考效果

> **素材位置：** 素材\项目10\《科技未来》宣传片素材\视频.mp4、字幕.txt、背景音
> 乐.mp3
> **效果位置：** 效果\项目10\已复制_《科技未来》宣传片

知识准备

在执行任务之前，米拉准备先熟悉整理素材和打包文件的方法，以提高工作效率。

1. 整理素材

若在编辑视频的过程中，导入"项目"面板的文件过多，且存在部分未使用的素材，可选择"编辑"/"移除未使用资源"命令，Premiere将自动删除未使用的素材，减少内存占用空间。

2. 打包文件

在打包项目文件前需要先保存项目文件，选择"文件"/"项目管理"命令，打开"项目管理器"对话框，如图10-14所示，在其中设置好参数后，单击 确定 按钮完成项目文件的打包。

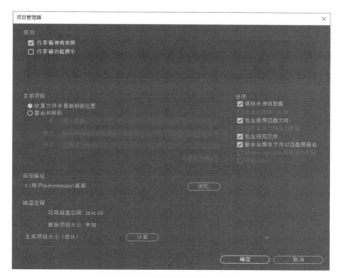

图10-14 "项目管理器"对话框

- **"序列"栏：** 用于选择需要打包的序列。

- **收集文件并复制到新位置：** 用于收集和复制所选序列的素材到单个存储位置。

- **整合并转码：** 整合在所选序列中使用的素材，并转码到单个编解码器以供存档。在其下方可设置新建媒体，以及格式和预设。

- **"目标路径"栏：** 用于设置打包文件的存储路径，单击右侧的 浏览 按钮，可打开"请选择生成项目的目标路径。"对话框，选择存放路径后单击 选择文件夹 按钮。

- **"磁盘空间"栏：** 用于显示存放路径剩余的磁盘空间，以及当前项目文件大小和复制文件或整合文件的估计大小，单击 计算 按钮可更新估算值。

- **排除未使用剪辑：** 选中该复选框，打包文件将不包含或复制未在原始项目中使用的媒体。

- **包含过渡帧：** 选中该复选框，可指定每个转码剪辑的入点之前和出点之后要保留的额外帧数。可以设置0~999帧的值。

- **包含音频匹配文件：** 选中该复选框，可确保在原始项目文件中匹配的音频仍在新项目文件中保持匹配。若取消选中该复选框，新项目文件将占用较少的磁盘空间，但Premiere会在打开项目文件时重新匹配音频。

- **将图像序列转换为剪辑：** 选中该复选框，可将静止图像文件的序列转换为单个视频剪辑，以提高播放性能。

- **包含预览文件：** 选中该复选框，可将原始项目文件中渲染的效果仍在新项目文件中保留。若取消选中该复选框，新项目文件将占用较少的磁盘空间，但不会保留渲染效果。

- **重命名媒体文件以匹配剪辑名：** 可使用剪辑的名称来重命名复制的素材文件。

- **将After Effects合成转换为剪辑：** 选中该复选框，可将项目文件中的任何After Effects合成转换为拼合视频剪辑。

- **保留Alpha：** 选中该复选框，可保留视频中的Alpha通道。

✂ 任务实施

1. 添加字幕和背景音乐

微课视频

添加字幕和背景音乐

米拉需要先为视频添加字幕和背景音乐，制作出符合"科技未来"主题的宣传片，具体操作如下。

（1）新建名称为"《科技未来》宣传片"的项目文件，然后导入所有素材，基于"视频.mp4"素材新建序列，并修改序列名称为"《科技未来》宣传片"。

（2）切换到"字幕"模式的工作区，打开"文本"面板，在其中单击 创建新字幕轨，打开"New caption track"对话框，保持默认设置，然后单击 确定 按钮，将在"时间轴"面板中自动添加一个C1轨道。

（3）按照"字幕.txt"素材中的文本依次添加字幕块，再根据文本内容的长短调整其持续时间。设置文本相关参数如图10-15所示，"阴影"颜色为"#00449A"，字幕的效果如图10-16所示。

（4）拖曳"背景音乐.mp4"素材至A1轨道，使其入点与序列起始处对齐。使用剃刀工具 在00:00:20:00处分割音频素材，然后删除分割后右侧的音频，按【Ctrl+S】组合键保存文件。

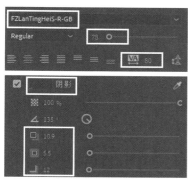

图 10-15　设置文本相关参数　　　　　　　　图 10-16　字幕文本效果

2．打包所有文件

米拉制作完宣传片后，便按照老洪的要求将素材文件和项目文件都打包到一个文件夹中，具体操作如下。

（1）选择"时间轴"面板，选择"文件"/"项目管理"命令，打开"项目管理器"对话框，在"目标路径"栏中单击 浏览 按钮，打开"请选择生成项目的目标路径。"对话框，选择好存储路径后，单击 选择文件夹 按钮。

（2）取消选中"项目管理器"对话框右侧的"包含音频匹配文件""包含预览文件""重命名媒体文件以匹配剪辑名"复选框，然后单击下方的 计算 按钮，查看生成项目的估计大小，如图10-17所示。

（3）在"项目管理器"对话框中设置完相关参数后，单击 确定 按钮，等待打包完成，最后在存储文件夹中查看效果，如图10-18所示。

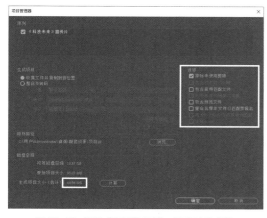

图 10-17　设置"项目管理器"对话框中的参数　　　　图 10-18　查看打包效果

设计素养

随着科技的迅速发展，设计师要注重数字化的设计理念，紧跟时代发展趋势，不断学习和掌握最新的技术，了解人工智能、虚拟现实等技术的相关知识，时刻关注行业动态和趋势，提升自身的专业知识和技能，以便在不断变化的市场中保持竞争力，创造出与时俱进的作品。

课堂练习

打包《智慧城市》宣传片文件

　　导入提供的素材，先添加视频素材到序列中，调整视频画面的色彩，然后在画面中添加字幕和背景音乐，制作完《智慧城市》宣传片后，再打包所有文件到新的文件夹中。本练习的参考效果如图10-19所示。

图10-19　打包《智慧城市》宣传片文件参考效果

素材位置： 素材\项目10\《智慧城市》宣传片素材\视频.mp4、背景音乐.mp3、字幕.txt

效果位置： 效果\项目10\已复制_《智慧城市》宣传片

 综合实战　渲染、输出并打包颁奖典礼开场视频

　　公司临时接到颁奖典礼开场视频的制作任务，恰逢米拉刚完成了上一个任务，于是老洪便将该任务交给米拉，要求她按照客户需求进行制作，并将最终视频导出为MP4格式交给客户查看，最后再打包文件。

 实战描述

实战背景	"云期莱"企业迎来十周年庆，为了庆祝这个重要的时刻，企业决定举办颁奖典礼表彰那些在公司发展过程中作出卓越贡献的员工和团队，向他们致以崇高的敬意，并激励全体员工继续努力，为公司的未来发展继续努力。现需设计师自行搜集素材为该颁奖典礼制作一个开场视频
实战目标	① 制作分辨率为1920像素×1080像素、时长为30秒左右的开场视频
	② 在开场视频中制作文本动画，突出该视频的主题
	③ 为开场视频添加节奏明快的背景音乐，提升员工们的视听感受
	④ 将制作好的视频导出为MP4格式的文件，并打包文件
知识要点	整理素材、渲染文件、输出文件、打包文件

　　本实战的参考效果如图10-20所示。

效果预览

图10-20 颁奖典礼开场视频参考效果

素材位置： 素材\项目10\颁奖典礼素材\背景.mp4、线条转场.mp4、背景音乐.mp3

效果位置： 效果\项目10\已复制_颁奖典礼开场视频\颁奖典礼开场视频.mp4

思路及步骤

在制作本案例时，设计师可以通过调整混合模式制作视频背景动画，然后添加背景音乐以及文本，并利用视频过渡效果制作动画，再渲染视频查看画面效果，输出为MP4格式的视频，最后打包文件。本案例的制作思路如图10-21所示，参考步骤如下。

① 剪辑素材并制作背景动画

② 添加文本并制作显示动画

③ 输出MP4格式的视频并打包文件

图10-21 渲染、输出并打包颁奖典礼开场视频的思路

（1）新建项目，导入所有素材，基于视频素材新建序列，并修改序列名称，添加其他素材并剪辑素材，调整素材的混合模式。

（2）输入文本并调整文本样式，利用视频过渡效果制作显示动画。

（3）渲染视频查看最终效果，然后输出MP4格式的视频，最后打包文件。

微课视频
渲染、输出并打包颁奖典礼开场视频

 课后练习 渲染、输出并打包企业会议开场视频

　　临近年中，某企业准备举办一场年中总结的会议，旨在展示公司上半年的项目完成情况，并激励员工在下半年继续做出更加优秀的业绩。现企业需要制作一个开场视频，分辨率要求为1920像素×1080像素，时长为7秒左右。设计师需要先添加素材，然后为文本制作动画，再将其渲染、输出为MP4格式的视频，最后再打包文件。视频的参考效果如图10-22所示。

效果预览

图10-22　企业会议开场视频参考效果

素材位置： 素材\项目10\企业会议素材\背景.jpg、标题.png、唯美光效.mp4、光效粒子.mp4、背景音乐.mp3
效果位置： 效果\项目10\已复制_企业会议开场视频\、企业会议开场视频.mp4

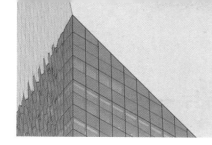

项目11
商业设计案例

　　在实习期间，米拉不仅能够与其他同事友好相处、共同解决问题，也能独立完成各项工作任务，工作能力得到设计部所有同事的认可。因此，米拉凭借自己的努力得到了公司的正式录用，成为公司的正式员工，开始负责更加复杂的商业设计任务。

　　老洪给米拉安排了多种不同类型的商业设计任务，他希望米拉能够继续深入探索视频编辑的各个领域，不断挑战自己，学习新的技术和工具，拓展自己的知识和视野，从而提升相关的技术水平，适应不同的工作需求。

任务 11.1 《环保节能》公益宣传片

案例背景及要求

项目名称	《环保节能》公益宣传片		部门	设计部	设计人员	米拉
项目背景	随着全球环境污染问题的日益严重，环保节能已经成为当今社会亟需解决的问题之一。为了提高公众对环保节能的认知和意识，森启镇的宣传部门准备制作一部《环保节能》公益宣传片，向观众传达环保节能的重要性，激发观众的环保意识，促使观众在日常生活中采取环保节能行动，共同建设绿色和谐的生态环境					
基本信息	<ul><li>单位名称：森启镇宣传部门</li><li>视频类型：公益宣传片</li><li>宣传片主题：环保节能</li></ul>					
客户需求	<ul><li>画面能清晰地说明环保节能对保护环境、减少能源消耗和降低碳排放的重要性，引起观众的关注和思考</li><li>不同视频素材之间衔接流畅</li><li>文案简明易懂，与画面内容相结合，体现出较强的说服力和感染力</li><li>需要强调宣传片主题，还需标明单位名称</li></ul>					
项目素材	视频素材： 绿叶.mp4　　森林航拍.mp4　　烟雾1.mp4　　烟雾2.mp4					
作品清单	宣传片源文件和MP4格式的视频各1份：分辨率为1920像素×1080像素，时长为50秒左右					

案例分析及制作

1. 案例构思

- **视频内容构思：** 分析视频素材中的画面内容，然后构思视频片段的顺序，如先播放排放烟雾的视频来引发观众对于环境污染的思考，然后切换到森林的视频，以突出生态环境的优美，最后再利用绿叶视频引出宣传片主题。另外，可以考虑直接在视频画面之间添加过渡效果，让视频衔接自然。

- **视频画面美化：** 查看视频画面的色彩，可发现"森林航拍.mp4""烟雾2.mp4"视频素材的画面较为暗淡，不够美观，因此可以适当进行美化。如调整画面的亮度、色彩饱和度等参数，使画面更加清晰、明亮。

- **视频文本设计：** 文本可用简练、明确、易懂的语言来表达想要传达的信息，并与视频画面内容相对应。例如，在播放烟雾视频时，通过"当我们向大自然排放烟雾时""工厂排放的浓烟污染了大气"文本指出人们对大自然所造成的伤害，通过"与此同时，大片的森林也正在凋零"字幕文本过渡到对森林危害的探讨，通过"森林是我们共享的财富""为我们提供氧气、吸收二氧化碳"字幕文本展现出森林的重要性，最后以"让我们共同努力，为了环保节能而行动！"主题文本向大众发出呼吁。另外，主题文本可放大居中展示在片尾处，单位名称文

本可缩小放在其右下角。

- **片尾动画设计：** 为增强片尾画面对观众的冲击感，可为主题文本和单位名称文本制作从大到小的动画，以吸引观众眼球。

本案例的参考效果如图11-1所示。

效果预览

图11-1 《环保节能》公益宣传片参考效果

素材位置： 素材\项目11\"《环保节能》素材"文件夹

效果位置： 效果\项目11\《环保节能》公益宣传片.prproj、《环保节能》公益宣传片.mp4

2. 制作思路

制作《环保节能》公益宣传片时，可先调整视频播放顺序和速度，并根据画面内容分割"森林航拍.mp4"视频素材；然后应用过渡效果为视频画面制作转场效果，利用颜色校正效果组或"Lumetri颜色"面板美化视频画面；接着输入字幕文本，并根据文本长度调整文本时长，再添加视频素材并制作动画；然后输入主题文本和单位名称文本并为其制作动画；最后添加背景音乐，制作过程参考图11-2 ~图11-9。

微课视频

《环保节能》公益宣传片

图11-2 调整视频播放顺序和速度并分割素材

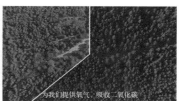

图11-3 应用过渡效果

图 11-4　调整视频画面的色彩

图 11-5　输入字幕文本并调整文本样式

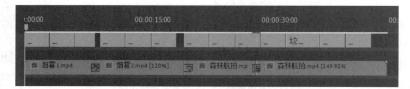

图 11-6　调整文本时长

图 11-7　添加绿叶视频并制作渐显动画

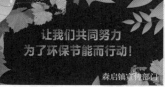

图 11-8　输入文本并制作动画

图11-9　添加背景音乐

任务11.2 《乐赏非遗》栏目包装

案例背景及要求

项目名称	《乐赏非遗》栏目包装		部门	设计部	设计人员	米拉
项目背景	中国非物质文化遗产是我国丰富多彩的文化宝库，包含了传统手工艺、民间艺术、传统音乐舞蹈等多个方面的瑰宝。为了弘扬非物质文化遗产、促进其传承与创新，某电视台策划制作一档名为《乐赏非遗》的文化解读类栏目，每期介绍一个非遗项目，探索其历史渊源、工艺技术、文化内涵以及传承现状等内容，让更多人能够了解到我国悠久的历史文化。现已拍摄好第一期有关"白族扎染"的内容，需要设计师使用提供的素材制作栏目包装，用于前期宣传					
基本信息	● 栏目名称：乐赏非遗 ● 栏目主旨：传承文化遗产，飞扬华夏风采 ● 栏目当期主题：白族扎染					
客户需求	● 以创新的方式呈现该期主要内容——白族扎染，在视觉上给人一种新颖的感受 ● 选用与非遗项目主题相符的色彩搭配和字体，确保整体视觉效果统一和协调 ● 在结尾处需要展示栏目名称和栏目当期主题 ● 视频画面简洁，能在短时间内向观众传递有关该节目的相关信息，包括节目的类型、风格等					
项目素材	视频素材： 彩色涂鸦字幕条.mp4　粒子背景.mp4　水墨.mp4　扎染1.mp4　扎染2.mov　扎染2.mp4　扎染3.mp4					
作品清单	栏目包装源文件和MP4格式的视频各1份：分辨率为1920像素×1080像素，时长为30秒左右					

案例分析及制作

1. 案例构思

● **视频画面构思：** 为了让扎染视频的展现具有创意，且符合非遗的风格，可搜寻传统风格较为明显的水墨素材，利用水墨晕染的效果，调整视频画面的显示区域，同时与扎染的"染"相呼应。

- **视频文本设计：** 在视频画面底部添加字幕文本，简单介绍扎染的相关信息，如"大理白族扎染是白族人民的传统民间工艺""其花形图案以规则的几何纹样组成"字幕文本，除了可以让观众先对栏目当期内容有一定了解外，还能吸引对该非遗项目有一定兴趣的观众。

- **片尾内容构思：** 片尾主要展示栏目名称和非遗名称文本，视频背景可采用偏棕色的色调，给人带来一种沉稳舒适的视觉感受，而栏目名称文本的字体颜色可采用更深的棕色，非遗名称的字体颜色可采用较为明亮的白色。另外，为了突出非遗名称，可为其再添加一个动态元素作为文本背景。最后再分别为所有文本制作不同的动画效果进行展示。

- **音频设计：** 为了让栏目更具识别性，同时加深观众的印象，可以添加具有古典气息的背景音乐以及字幕配音，适当调整音量大小并为背景音乐制作淡入淡出的效果。

本案例的参考效果如图11-10所示。

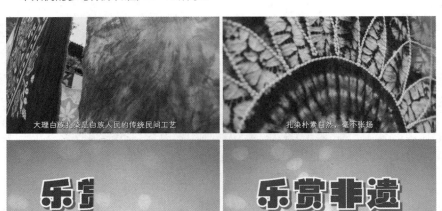

┌─ 效 果 预 览 ─┐

图11-10　《乐赏非遗》栏目包装参考效果

素材位置： 素材\项目11\"《乐赏非遗》素材"文件夹

效果位置： 效果\项目11\《乐赏非遗》栏目包装 .prproj、《乐赏非遗》栏目包装 .mp4

2. 制作思路

制作《乐赏非遗》栏目包装时，可先添加视频素材并调整播放速度，调整背景素材的色彩和样式，然后利用水墨素材调整画面显示效果，接着输入字幕文本并根据配音调整文本时长，再调整片尾中文本和文本背景的构图，并为文本制作动画，最后添加背景音乐并制作淡入淡出效果，制作过程参考图11-11～图11-19。

┌─ 微 课 视 频 ─┐

《乐赏非遗》栏目
包装

图11-11　添加视频素材并调整播放速度

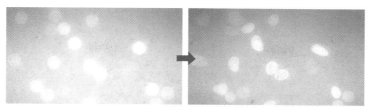

图 11-12　调整背景素材的色彩和样式

图 11-13　利用水墨视频调整画面显示效果

图 11-14　输入字幕文本并调整文本样式

图 11-15　添加配音并调整字幕时长

图 11-16　添加片尾文本　　　　　　　　　图 11-17　抠取非遗项目文本背景

图 11-18　为片尾文本制作动画

图11-19　添加背景音乐并制作淡入淡出效果

任务11.3　《云南之行》Vlog

案例背景及要求

项目名称	《云南之行》Vlog		部门	设计部	**设计人员**	米拉
项目背景	随着社会经济的快速发展，人们的生活水平不断提高，旅游已经成为人们假期娱乐的首要选择，多地旅游业均呈现出火爆的态势。行之有旅行社面对激烈的市场竞争，需要更具吸引力的推广方式，保持市场竞争力，而Vlog作为一种生动的媒体形式，是吸引游客的有效手段。该旅行社通过讨论，最终决定制作一则《云南之行》Vlog，并将其投放到短视频平台中，激发大众对旅游的兴趣，同时提高旅行社的知名度					
基本信息	● Vlog主题：云南之行 ● 账号名称：行之有旅行社					
客户需求	● 依次展现云南的风景和特色美食，画面要具有吸引力 ● 视频画面的色彩要鲜艳，要让观众拥有一个愉悦的观看体验 ● 在片尾展现旅行社的Logo，并根据旅行社"一站式旅行订制"的优势设计一个宣传语 ● 需要模拟在手机中播放Vlog的效果					
项目素材	● 图像素材： Logo.png　　过桥米线.jpg　　黑色手机.jpg　　汽锅鸡.jpg　　石屏烧豆腐.jpg　　鲜花饼.jpg　　宣威火腿.jpg　　宜良烤鸭.jpg ● 视频素材： 大理古城城门.mp4　　丽江古城.mp4　　纳帕海观景台.mp4　　腾冲云峰山.mp4					
作品清单	Vlog源文件和MP4格式的视频各1份：分辨率为1920像素×1080像素，时长在1分钟以内					

案例分析及制作

1. 案例构思

- **视频内容构思：**可先展示出不同景点的美丽风光，视频素材之间可根据画面内容选择不同的视频过渡效果进行切换，再分别展示不同美食的图像，让观众感受到云南独特的美食文化；在视频的片尾处融入推广元素，如旅行社Logo和宣传语"一站式旅行定制，一起开启美好之旅！"，以增加旅行社曝光度；采用上下构图的方式排版旅行社Logo和宣传语，再分别为其制作动画。

- **视频画面优化设计：**查看视频画面的色彩，可发现"大理古城城门.mp4"视频的色彩对比不够强烈，"纳帕海观景台.mp4"视频中的绿色较为暗淡，而"腾冲云峰山.mp4"视频曝光过度，可以适当进行美化。

- **文本设计：**根据风景视频素材的名称以及画面内容，为其添加景点名称文本，并选择合理的位置进行展现。为了不影响风景画面的美观度，可选择白色的文本颜色和浅灰色背景。另外，在所有美食图像的下方添加美食名称文本，可选择白色的文本颜色和亮橙色的背景。

- **美食图像动画构思：**为了避免画面中一次性出现多种美食，导致观众目不暇接，可考虑利用蒙版功能，使单个美食依次出现。

本案例的参考效果如图11-20所示。

图11-20 《云南之行》Vlog参考效果

素材位置：素材\项目11\"云南素材\"文件夹
效果位置：效果\项目11\《云南之行》Vlog.prproj、《云南之行》Vlog.mp4

---

2. 制作思路

制作《云南之行》Vlog时，可先添加风景视频素材并调整播放速度，根据视频画面的问题调整色彩，然后根据画面内容选择合适的过渡效果，并输入景点名称文本；接着排版美食图像和对应的文本，将其进行嵌套操作后利用蒙版制作动画；再为旅行社Logo和宣传语文本制作动画，并添加与分割背景音乐；最后抠取手机屏幕，将整个视频放在其中进行播放，制作过程参考图11-21～图11-29。

微课视频

《云南之行》Vlog

图 11-21　添加视频素材并调整播放速度

图 11-22　调整视频素材的色彩

图 11-23　为视频素材应用过渡效果

图 11-24　输入景点名称文本

图 11-25　排版美食图像并添加美食名称文本

图 11-26　为美食图像和美食名称文本制作动画

图 11-27　为旅行社 Logo 和宣传语文本制作动画

图 11-28　添加与分割背景音乐

图 11-29　模拟在手机中播放的效果

任务11.4　"智居享"企业宣传视频

案例背景及要求

项目名称	"智居享"企业宣传视频		部门	设计部	设计人员	米拉
项目背景	"智居享"是一家以研发与销售智能家居为主营业务的企业，致力于为客户提供全方位的智能家居解决方案，运用人工智能、互联网和物联网等技术，为客户打造安全、舒适、智能化的居住环境。该企业准备制作一个宣传视频，希望向更多客户展示其在智能家居领域的优势，并塑造出积极、创新、专业的品牌形象，从而吸引潜在客户并提升市场竞争力					
基本信息	● 企业名称：智居享 ● 宣传语：智能家居，智享生活					

续表

客户需求	<ul><li>视频画面要具有科技感，符合"智能"的特征</li><li>结合家居的场景来展现企业的主营业务，突出"智居享"企业的产品对生活的改善，强调智能化与便利性</li></ul>
项目素材	图像素材： 厨房.jpg 客厅.jpg 扫地机器人.jpg 卧室.jpg 视频素材： 半圆统计.mov 多光圈.mov 光圈.mov 光圈数据.mp4 数据.mp4 统计.mp4 图表.mp4 旋转方块.mov 柱形图表.mov
作品清单	宣传视频源文件和MP4格式的视频各1份：分辨率为1920像素×1080像素，时长为20秒左右

案例分析及制作

1. 案例构思

- **视频内容构思：** 依次展现出客厅、卧室、厨房的居家环境，以及扫地机器人的工作场景，并为其制作转场效果。搜寻一些具有科技感的动态元素，适当调整大小和色彩等，通过各种方式将其融入视频画面中，突出"智能"和"科技"的特点，营造出未来生活的氛围感。
- **视频文本设计：** 分析企业主营业务的特点，结合视频素材构思文案的内容，展示企业的相关理念，如"智居享，让家变得更智能""打造智能家居新时代"文本以及能够体现企业产品优势的"安全、舒适、便捷"文本。文本可采用具有科技感的蓝色，搭配白色，并互为填充色或阴影色。
- **片尾动画构思：** 在宣传视频的结尾处，为加强客户对该企业的印象，可利用视频过渡效果为宣传语文本制作由大到小的展示动画，提高视觉冲击力，让客户能够第一时间被文本所吸引。
- **背景音乐构思：** 可选择欢快、轻松，且带有未来感和科技感的电子音乐，既能体现出智能家居给人们带来快乐的感觉，还能展示智能家居"高科技"的特点。

本案例的参考效果如图11-30所示。

图11-30 "智居享"企业宣传视频参考效果

智能家居，智享生活

打造智能家居新时代

图11-30 "智居享"企业宣传视频参考效果（续）

素材位置： 素材\项目11\"'智居享'企业素材"文件夹

效果位置： 效果\项目11\"智居享"企业宣传视频.prproj、"智居享"企业宣传视频.mp4

2. 制作思路

制作"智居享"企业宣传视频时，可先调整图像素材的播放顺序并应用过渡效果；然后在不同的场景中添加动态元素，同时调整大小、位置和色彩等；接着输入字幕文本，并设置文本样式；再输入片尾文本并制作动画；最后添加并裁剪背景音乐，制作过程参考图11-31~图11-35。

"智居享"企业
宣传视频

图11-31 调整素材的播放顺序并应用过渡效果

图11-32 添加并调整动态元素

图11-33　添加字幕文本并设置文本样式

图11-34　添加片尾文本并制作动画

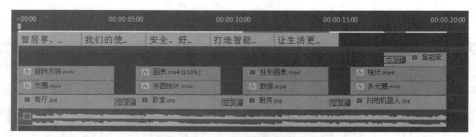

图11-35　添加并裁剪背景音乐

任务11.5 《毕业季·青春不散场》短片

 ## 案例背景及要求

项目名称	《毕业季·青春不散场》短片	部门	设计部	设计人员	米拉
项目背景	即将迎来毕业季，某高校准备举办一场毕业晚会，为毕业生们创造一个难忘的回忆。该高校的宣传部门策划制作一个短片，用于在毕业晚会播放，给学生们留下难忘的回忆，同时希望他们在走出学校后，依然能够保持心中热爱，认真思考未来的人生道路，做勇敢且努力的追梦人				
基本信息	● 视频主题：毕业季·青春不散场 ● 关键词：毕业、未来、希望、勇敢				
客户需求	● 通过这部短片传达出毕业季的情感和特殊意义，让毕业生感受到青春的美好，同时引发他们对人生和未来的思考 ● 选用符合"毕业季"主题的背景音乐，提升视听体验 ● 需要在短片结尾展示"毕业季·青春不散场"主题文本，以引入接下来毕业晚会的流程				

项目素材	视频素材： 空教室.mp4　领取证书.mp4　抛学士帽.mp4　抛学士帽2.mp4　说再见.mp4
作品清单	短片源文件和MP4格式的视频各1份：分辨率为1920像素×1080像素，时长在30秒以内

案例分析及制作

1. 案例构思

- **视频内容构思：** 分析视频素材，按照领取证书、抛学士帽、说再见的顺序剪辑视频，最后以教室的画面作为结尾。选用合适的方法进行优化，使画面美观、色调明亮。
- **文本内容构思：** 在文本内容设计方面，可通过"毕业，是离别和思念的交织""也是迎接未来的希望和挑战"文本，将毕业的悲伤情绪转化为积极向上的正能量，然后通过"我们将以满怀热情、坚定信念"等文本激励大家要勇敢追梦，最后在片尾处添加"毕业季·青春不散场"主题文本和"致所有勇敢追梦的年轻人"文本，强调晚会主旨，并引出接下来的毕业晚会。
- **片尾特效设计：** 在片尾处可直接使用教室的画面作为背景，将其模糊后再逐渐显示文本内容，提升文本的辨识度。

本案例的参考效果如图11-36所示。

图11-36 《毕业季·青春不散场》短片参考效果

素材位置： 素材\项目11\"毕业季素材"文件夹
效果位置： 效果\项目11\《毕业季·青春不散场》短片.prproj、《毕业季·青春不散场》短片.mp4

2. 制作思路

制作《毕业季·青春不散场》短片时，可先添加并调整视频素材，接着为其应用合适的视频过渡效果，然后调整视频画面的色彩，再输入并调整字幕，最后利用模糊效果为片尾视频制作逐渐模糊的特效，并为片尾处的文本制作显示动画，制作过程参考图11-37～图11-41。

微课视频

《毕业季·青春不散场》短片

图11-37　添加并调整视频素材

图11-38　应用视频过渡效果

图11-39　调整视频色彩

图11-40　添加字幕

图11-41　为视频片尾制作特效以及为文本制作动画

任务 11.6　柠檬鲜果视频广告

案例背景及要求

项目名称	柠檬鲜果视频广告		部门	设计部	设计人员	米拉
项目背景	某水果店旨在为消费者提供新鲜、优质水果。随着人们对健康生活方式的重视，水果销售市场竞争日益激烈。近期该水果店上市一款柠檬商品，为了让更多消费者了解该商品，同时提高该店铺的市场份额和柠檬销量，该水果店铺需要设计师制作一则柠檬鲜果视频广告					
基本信息	● 柠檬卖点：24小时新鲜采摘、色泽金黄、果香浓郁、皮薄肉厚、汁水充沛 ● 上新时间：7月					
客户需求	● 展示柠檬的外观，以及柠檬的特点和优势 ● 视频片头要具有动感和创意性，能够吸引消费者视线 ● 为视频添加欢快的背景音乐					
项目素材	● 图像素材： 装饰.psd ● 视频素材： 采摘.mp4　柠檬水.mp4　柠檬展示.mp4　细节1.mp4　细节2.mp4					
作品清单	视频广告源文件和MP4格式的视频各1份：分辨率为1280像素×720像素，时长为23秒左右					

案例分析及制作

1. 案例构思

● **视频内容构思：** 在广告开头处先展示多个柠檬的外观，接着显示柠檬的上新时间，然后根据视频画面表明柠檬的卖点，最后展示一段柠檬水的制作流程，唤起消费者的食欲，从而增加购买欲望。

● **视频文本设计：** 文本内容应简洁明了，传达出商品的关键信息，结合视频画面，通过多个简短的短语来表达柠檬的特点和优势，如为"采摘.mp4"视频素材添加"24小时新鲜采摘"文本，为"细节1.mp4"视频素材添加"色泽金黄、果香浓郁"文本。

● **片头效果构思：** 为了吸引消费者的视线，可将"柠檬展示.mp4"视频素材中的柠檬抠取出来，然后利用不同颜色的背景制作闪烁的效果，增强视觉冲击力，以突出柠檬。

● **片尾效果构思：** 为了更好地展示柠檬水的制作流程，可添加文本进行描述，再利用装饰元素进行美化，最后结合蒙版按照制作顺序制作动画，增强消费者的观看体验。

本案例的参考效果如图11-42所示。

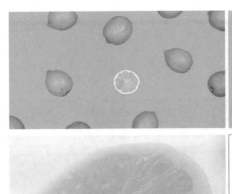

图 11-42　柠檬鲜果视频广告参考效果

素材位置： 素材\项目11\"水果素材"文件夹

效果位置： 效果\项目11\柠檬鲜果视频广告.prproj、柠檬鲜果视频广告.mp4

2. 制作思路

制作柠檬鲜果视频广告时，先添加并调整视频素材，然后替换视频中的纯色背景并为柠檬制作多色背景闪烁的效果，接着分别为商品的活动信息和商品卖点制作动画，再为制作柠檬水的流程设计动画效果，最后添加背景音乐并应用音频效果，制作过程参考图11-43 ～图11-49。

微课视频

柠檬鲜果视频广告

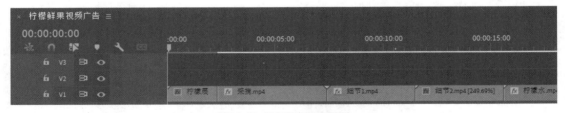

图 11-43　添加并调整视频素材

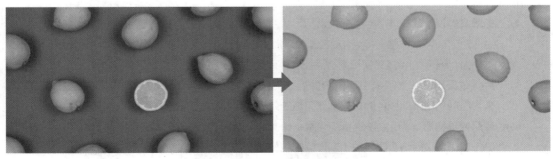

图 11-44　替换视频背景并进行调色

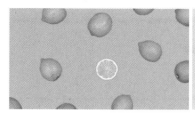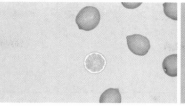

图 11-45 制作多色背景闪烁的效果

图 11-46 添加背景和文本并制作动画

图 11-47 添加字幕文本并制作动画

图 11-48 添加文本和装饰元素并制作动画效果

图 11-49 添加背景音乐并应用音频效果

任务11.7 《熊猫的日常》纪录片

案例背景及要求

项目名称	《熊猫的日常》纪录片	部门	设计部	设计人员	米拉
项目背景	纪录片是以真实生活为创作素材，以真人真事为表现对象，并对其进行艺术加工与展现，以表达真实为本质，用真实引发人们思考的电影或电视艺术形式。熊猫被誉为中国的国宝，因其稀有性和可爱形象而备受关注，某制作组准备制作关于熊猫生活习性的纪录片《熊猫的日常》，旨在通过熊猫的日常生活，向观众展现熊猫的自然习性、保育情况等，同时提供有趣的科普知识				
基本信息	<ul><li>视频类型：纪录片</li><li>视频主题：熊猫的日常</li><li>视频字幕：详见"字幕.txt"素材</li></ul>				
客户需求	<ul><li>通过真实场景和镜头，展示熊猫的日常生活</li><li>视频画面要清晰，让观众在欣赏的同时能够学到有关熊猫的知识</li><li>添加背景音乐，并为字幕进行配音</li></ul>				
项目素材	视频素材： 大熊猫1.mp4　大熊猫2.mp4　大熊猫3.mp4　大熊猫4.mp4　大熊猫5.mp4　大熊猫6.mp4				
作品清单	纪录片源文件和MP4格式的视频各1份：分辨率为1920像素×1080像素，时长为7分钟左右				

案例分析及制作

1. 案例构思

- **视频画面构思：** 展示熊猫的自然生活，包括觅食、休息、玩耍等场景，通过美观的视频画面捕捉熊猫的可爱瞬间。
- **字幕构思：** 字幕以介绍熊猫的外观、特征、日常行为等为主，让观众能够结合视频画面更好地了解到熊猫的相关知识。
- **音乐构思：** 背景音乐可选择轻快、愉悦的音乐，营造积极的氛围，并引起观众的注意。搭配舒缓、温和的人物配音，增强观众的情感共鸣。

本案例的参考效果如图11-50所示。

图11-50 《熊猫的日常》纪录片参考效果

效果预览

图 11-50　《熊猫的日常》纪录片参考效果（续）

素材位置： 素材\项目11\"熊猫素材"文件夹

效果位置： 效果\项目11\《熊猫的日常》纪录片.prproj、《熊猫的日常》纪录片.mp4

2. 制作思路

微课视频

制作《熊猫的日常》纪录片时，可以先添加视频素材，调整视频素材的播放顺序和时长等，然后调整视频色彩，尽量统一所有视频的色调，接着为部分视频画面添加字幕，并设置文本样式，最后添加配音、背景音乐并调整时长，制作过程参考图 11-51 ~ 图 11-54。

《熊猫的日常》
纪录片

图 11-51　添加并调整视频素材

图 11-52　调整视频的色彩和色调

图 11-53　输入字幕并设置文本样式

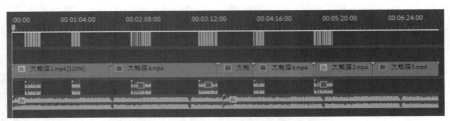

图 11-54　添加配音和背景音乐并调整时长

附录 1　拓展案例

　　本书精选了15个拓展案例供读者自我练习与提高，从而提升应用Premiere编辑视频的能力。每个案例的制作要求、素材文件、参考效果请登录人邮教育社区下载。

 ## 宣传片设计

 ## 栏目包装设计

 ## 视频广告设计

附录 2　设计师的自我修炼

　　要成长为一名优秀的设计师，需要了解设计的基本概念、设计的发展、设计形态，运用设计的思维去观察、分析、提炼、重构事物；学习色彩的基础知识，培养对色彩的感知能力和表达能力，加深对色彩关系、色调强调、色彩情感表现等的认知；能够运用平面构成、色彩构成、立体构成的理论和方法设计出符合功能需求和审美需求的作品。

设计基础　　　　　设计色彩　　　　　设计构成